别说你会
吃日料

碗丸　中午十三点　著

青岛出版社
QINGDAO PUBLISHING HOUSE

图书在版编目（CIP）数据

别说你会吃日料 / 碗丸，中午十三点著 . -- 青岛 : 青岛出版社，2016.12

ISBN 978-7-5552-4653-4

Ⅰ . ①别… Ⅱ . ①碗… ②中… Ⅲ . ①饮食 – 文化 – 日本 Ⅳ . ① TS971.231.3

中国版本图书馆 CIP 数据核字（2016）第 268700 号

书　　　名	别说你会吃日料	
著　　　者	碗　丸　中午十三点	
出版发行	青岛出版社	
社　　　址	青岛市海尔路182号（266061）	
本社网址	http://www.qdpub.com	
邮购电话	13335059110　0532–68068026	
责任编辑	贺　林	
特邀编辑	蜜　糖	
插　　　画	咖　咖	
装帧设计	任珊珊　张　骏	
制　　　版	青岛乐喜力科技发展有限公司	
印　　　刷	青岛海蓝印刷有限责任公司	
出版日期	2017年4月第1版　2018年4月第3次印刷	
开　　　本	32开（890毫米×1240毫米）	
印　　　张	8.25	
字　　　数	200千	
图　　　数	109幅	
印　　　数	12001–18000	
书　　　号	ISBN 978–7–5552–4653–4	
定　　　价	39.80元	

编校印装质量、盗版监督服务电话：**4006532017　0532–68068638**

建议陈列类别：饮食文化类　生活类　美食类

第一章 / 日料背后的冷知识

第二章 / 日本餐桌大冒险

第三章 / 寻鲜旬鲜

第四章 / 舌尖上的日本味道

第五章 / 料理间里的技与艺

第六章 / 一个日料吃货的自我修养

第一章
日料背后的冷知识

似乎人人都略有所知又语焉不详的日本料理到底怎样的一种料理？让我们
从日本料理的历史片段中了解它的来龙去脉，看看在日本独特的鱼米文化与来
自不同国家的饮食文化影响下，日本料理如何成了现在的模样。

 # 日料到底是什么？

——日本料理的关键词

忙碌的午间来一碗温暖的豚骨拉面，轻松的傍晚在居酒屋和朋友点几串烧鸟配啤酒，款待客户的时候用炫目的寿司套餐打动他们的味蕾，纪念日和爱人尽享怀石料理的二人世界……说起日本料理的常见菜，我们往往如数家珍。可是，仔细想想，日本料理到底是怎样一种料理呢？它有什么让人过目不忘的特征呢？

日本是个依山傍海的国家，海岸线曲折绵延，渔港众多。日本暖流（黑潮）与千岛寒流（亲潮）在此相遇，带来异常丰富的浮游生物与海产；河川犹如毛细血管般细密如织，河鲜尽显灵秀。同时，日本又是个多山的国家，山地面积占内陆面积的 70% 左右，山地与森林同样给予日本民众无尽的恩赐。所以，日本料理往往是与山、河、海有关的命题。在日本料理的食单上，我们常常会很惊喜地看到许多素未谋面的鱼贝与菜蔬，它们以熟悉又陌生的方式展示着自己的独特魅力。

日本也是个四季分明的国家，在春樱、夏雨、秋叶、冬雪这些四时美景变化的同时，食材也随季节流转。你可能会说，很多亚热带国家都四季分明，这没什么了不起呀。可是，日本列岛十分狭长，南北跨度大，山海距离近，海拔高度差异大，这就使日本的时令变化更为细腻复杂。食材的季节性是日本料理的重要特征之一。与禽畜类食材相比，鱼贝类和菜蔬类食材有着更鲜明的季节性，有的食材时令非常短暂，更成为受人追捧的逸品。这种对季节的敏感度深入日本人的骨髓，从餐桌内容的变化便感知到时光的轻柔前行。

日本料理的烹饪方法看似简单却十分玄妙。日本料理以切、煮、烤、蒸、炸五种基本调理法来料理食物，相比复杂多样的中式烹饪手法，看似单调了些。然而，每种调理法背后都有深入细致的考量。比如，制作日式高汤时昆布与鲣节煮制时间的精准控制，天妇罗面衣的调配比例和薄厚度的拿捏……日本料理人所追求的，是在看似不断重复的工作中感受因食材、时令不同带来的微妙变化，并将对这种变化的掌控作为自己的工作要务之一。

有人戏称，在日本街头总能闻到似曾相识的"甜面酱味"，那当然并不是"甜面酱"，而是日式高汤、酱油、味醂、糖等味道的集合。在日本料理中，我们可以感受到甜、酸、咸、辣、苦，也会感受到鲜明的"鲜味"。味噌、酱油、醋、酒等经过发酵工艺制成的调味料，以及昆布、鲣节、纳豆、渍物等发酵食品，在日本料理中长期占据着举足轻重的地位。这些经过漫长时间酝酿出的层次丰富、鲜味悠长的味道，让日本料理有了更多回味的空间。

日本料理的样貌一直在不断变化。被认为代表日本料理的握寿司是江户时代才出现的，天妇罗深受公元 16 世纪到 17 世纪葡萄牙料理的影响，各式和牛料理是在"明治维新"之后才兴起的。"日本料理"说的是一个古老的故事，但每

天都在续写新篇。来自中国和朝鲜半岛的影响持续改变着日本料理的面貌，从稻米与茶道的传入，到宴会形制、餐桌礼仪的演进，佛教思想传播导致的肉食禁食，这些都在日本饮食文化中留下了深深的烙印；而西方文化的洗礼，在"明治维新"之后如暴风骤雨般再次令日本料理的面貌焕然一新。

最终，在对不同影响的扬弃中，日本料理发展出了属于自己的独特气质。这就是我们今天看到的日本料理，也就是这本书的主角。

食在四季流转中

——日本人所推崇的"旬"到底是什么？

孔夫子对吃东西有很多见解，甚至可以说是一个吃东西很挑剔的老爷爷。但他的有些观点不无道理，比如"不时不食"。时令对于饮食文化而言无比重要，以料理博大精深闻名的美食诸国无一不重视料理的季节性。在时令的更迭中，通过食材和料理方法的变化，感受应季美味，也让身体获取适宜时令的营养，这似乎是饮食文化日臻完善的必由之路。

在日本的一些高级料理店用餐时，你会发现，每个月的菜单都不尽相同，海鲜和菜蔬都按照时令选料搭配，很少有一成不变的万年招牌菜。

在日本这样一个四季变化格外分明、物产饶裕而迥异的国家，料理中经常提到的一个概念便是"旬"。讲求"旬之味"是日本料理的特点之一。

那么"旬"到底是什么呢？"旬"其实是个来自中国的概念，十日为一旬，相信是大家都很熟悉。而"旬"用在料理中则意味着对时令更替变化的敏锐感受力。相比我们常说的"季"，"旬"精准细腻了许多。

所谓"旬的料理"，即是应季而烹，应季而食。料理人选取当地、当季最具有代表性的食材，在食材处于味道和营养的巅峰时烹饪；食客也因看到四时变化，对应季的食物有了念想，享用美味的同时也对这个时令有所感怀。对自然的崇尚与互动就是这样通过食物得到了表达。

在日本料理中，很多料理店会在春季推出各色真鲷料理。彼时，正值真鲷产卵之前，状态极佳，肉质肥美，被称为"樱鲷"。夏季，各家料理店又会相继打出香鱼料理的招牌。入秋之后，秋刀鱼、青花鱼都迎来了佳季，蓝鳍金枪鱼也日渐肥美，层出不穷的金枪鱼料理也让人期待满满。

日本的菜蔬在不同时令也有不同之选。比如在京都，春天万物生发，是品尝京竹笋和京当归的时节；夏日草木蓊郁，贺茂茄子、万愿寺甜椒、伏见辣椒、鹿谷南瓜等菜蔬都可收入囊中；秋季红叶似火，丹波栗子、紫毛豆、丹波松茸、九条葱都在最佳赏味期；冬天雪国秘境，吃着温暖的圣护院白萝卜、金时胡萝卜、清爽的水菜，再好不过了。

有了"旬"的概念，就有旬之初尝鲜的需求。从江户时期起，日本民间就有"食初物，延寿75日"的说法，居然还推算出了延长寿命的具体时间，很是言之凿凿的样子。"初物"就是指刚刚上市的应季食材，当年被称为"初物四天王"的分别是初鲣、初鲑、初茄、初茸（蘑菇）。虽然产量少且价格高，但初物还是受到很多想大快朵颐或是延年益寿的人士追捧。现在虽然很多人已经不再相信玄虚的延寿之说，但追求初物的理念在日本料理中仍有体现。

　　在一些高级料理店，除了食物本身的季节感，与食物搭配的器皿、插花、挂轴、图案花式也都会有季节性的变化。比如插花，春季可以用山茶、紫兰，夏季用睡莲、风铃草，秋季用芙蓉、秋明菊，冬季用野路菊、水仙等等。这些季节性元素所营造的空间，让人在料理之外，也可以感受到"旬"的强烈存在感。

　　因为有"旬"的存在，作为游人若想领略日本料理的全貌，是不可能在一次旅行中完成的。对于在一年中只会在短暂时光匆匆登场的食材，即便是当地人也会倍加珍视，因为错过便只能等待第二年的再次相逢，而彼时自己和食物都已不是昨日模样，所谓"一期一会"便是如此吧。

日本秋季的旬物松茸

 # 一颗米粒上的七个神明

——欢迎来到一个对稻米疯狂崇拜的国度

　　日本是一个对稻米有特殊感情的国家。在日本，有种说法是"每一粒米中有七个神明"。我们不清楚神明们在里面会不会觉得有点拥挤，但这至少说明稻米在日本所受到的重视。

　　与同在"稻米文化圈"的很多国家相比，日本在稻米种植上起步时间不算早，民众广泛食用稻米的时间也比较晚，但在稻米崇拜的道路上，却比很多国家走得更彻底、更持久。

　　在日本绳文时代之前，民众主要以采集、狩猎、捕捞的方式来获取食物。到了公元前4世纪至3世纪左右，随着大量移民的迁入，农耕文明从东亚大陆传到日本。关于稻米的传入，有从印度传入、从中国传入、经由朝鲜半岛传入等不同说法，并没有定论。可以肯定的是，稻米传入日本之后，稻米的种植是从日本的北九州开始的，逐渐向濑户内海、近畿、关东、东北等区域拓展，最终覆盖到日本各地，点亮了古代日本人的生活。

　　日本人很早就认为，如果只是埋头种大米和吃大米，把稻米仅当做一种食物

看待，是没有情怀，也没有前途的。在日本，稻米一直与文化的根基密不可分，日本很多节日、庆典都与稻作农耕有关。

春季的"祈年祭"和秋季的"新尝祭"便是和稻米相关的且非常重要的祭祀活动。"祈年祭"时值春播季节，祭祀稻神以求风调雨顺、稻谷丰收。而"新尝祭"原本在十一月的第二个卯日，时间不固定。后来，日本政府将其固定在 11 月 23 日，称为"劳动感谢日"。"新尝祭"是人们用新收获的稻米来款待神明，感谢神明赐予丰收的日子。日本新天皇即位后的第一次"新尝祭"尤为隆重，称为"大尝祭"。"大尝祭"除了庆祝丰收的主题以外，还有天皇更替、确立权威的意味。天皇主导祭祀表示天皇从神明那里接管了稻作之权，于是对稻米的崇拜和对天皇权威的拥护成了合二为一的信仰。

日本有很多供奉稻荷神（稻谷神）的神社，供民众祭拜。在日本各种类型的神社中，稻荷神社数量最多，有四万多个。去过稻荷神社的朋友很难不注意到，神社里会有很多嘴里叼着稻穗的狐狸形象。这是因为稻荷大神之一的"御食津神"日文读音与"三狐神"接近，所以可爱的狐狸就成为稻荷信仰的象征。

可是，为什么古代日本人那么重视稻米呢？难道只因它比别的谷物好吃吗？

对这件事有很多种解读方法，比较有意思的一种是"颜色说"。在古代日本的审美体系中有四种基础颜色：赤、黑、白、青。白，与黑相对，象征着清明和圣洁，日本古代文学中对"雪、月、花"的歌颂就是源于这种审美观，而"尚白"理念在谷物领域的对应物便是稻米。所以，在日本古代，国家会奖励稻米生产，倡导以米代税；包括日本古代"肉食禁令"的颁布（下篇中将有详细介绍），也是考虑到要保护耕牛，支持稻米生产。

虽然对稻米如此痴爱，但是日本毕竟是个多山地、少平原的国家，在古代要实现大面积种植水稻、满足人人有米吃的愿望并不容易。因此，古代日本民众在很长时间里并不以稻米为主要粮食，日常只能食用杂粮，但是精神上对稻米的向往并不能被残酷的生活所撼动。

稻荷神社

到了室町时代，稻米种植进一步推广，米饭开始在市民中普及起来。"二战"后，水稻种植技术突飞猛进，米饭成为日本百姓餐桌上可以尽情享用的主食。可是，有了取之不尽的米饭真的就别无所求了吗？事实并非如此。

到了20世纪60年代，日本政府认为纯粹依靠传统的"米饭＋蔬菜"的饮食结构不利于增强国民体质，鼓励国民更多地食用面包等其他主食。虽然长居神坛的稻米君一定不喜欢这个决定，然而这就是生活。即便如此，时至今日，大米依然是日本人餐桌上最重要的主食。

从"吃肉会嘴歪"到牛肉料理的流行

——日本人食肉的百年禁忌

当一个宋朝平民在家里炖上一锅牛肉，满腹牢骚地抱怨肉的部位不好、吃起来不畅快的时候，他也许并不知道，同时代的日本贵族毕生都可能从未尝过一块牛肉的滋味。

有很多我们认为理所当然的事，并非那么理所当然。比如，当我们认为日本的和牛料理源远流长时，令人意外的真相是：日本人普遍食用牛肉其实只是近100年的事情，而在此前1000多年的漫长时间里，日本人对很多肉类都有禁忌。

当然，日本人并非一直对肉类无感。从旧石器时代的狩猎时起，日本人就开始食用各种肉类，灵动的日本鹿和豪放的野猪是原始人喜闻乐见的美食。日本最早的两本历史典籍《古事记》和《日本书纪》中也随处可见宫廷饮食中食用兽肉的例子，而且在公元460年左右的雄略天皇时期，皇宫里还专门设置了负责烹饪鸟兽类肉食的宍人部，可见当时对于肉类料理烹饪已经有了很专业的研究。

到了公元675年，天武天皇颁布了"肉食禁止令"，禁止在每年4月到9月之间食用牛、马、狗、猿、鸡肉。天皇自然有他的一套理论：牛要用于耕作，马用于骑乘，狗用于护院，鸡用于司晨，猿是人类的近亲，所以皆有禁食的理由。有人认为，天武天皇是出于宗教信仰才这样做的，但是考虑到天武天皇的政治谋略和手段，这一纸禁令更像是在争夺皇位的"壬申之乱"取胜后，休养生息、安抚民心并向宗教人士示好的信号。此外，4月到9月是水稻生产的时期，而稻米在古代日本文化中有至高无上的地位。所以，这件事所传递的价值观是尊崇稻米的高贵地位，并以牺牲肉食为代价。

随着从中国传入的佛教在日本流行，公元7世纪末到8世纪中后期的多位日本天皇都下诏书，禁止捕杀禽兽，禁止肉食。王公贵族们纷纷以身作则，在饮食中杜绝兽肉，以食用鱼类、蔬菜和米饭为荣。原本狩猎是王权的象征，但是到了9世纪，连狩猎活动也被禁止了。

如果古代中国人民听到这件事一定会惊呆了，因为虽然日本佛教由中国传入，但从整体上来看，佛教对中国饮食文化的影响相对有限，中国古代的贵族与平民依然欢乐地鱼肉宴饮，而一海之隔的日本却因为佛教掀起了饮食界的轩然大波，天皇大人的"断舍离"名单里居然优先写下了兽肉的名字。

虽然禁肉是国家律令，但是在民间，食肉的基因并没有被改变，尤其在山区，猎取野兽、吃肉补充体力的事情时有发生。镰仓时代起，随着武士阶层的崛起，对肉食的禁忌有所松动，武士们会狩猎兔子、鹿、熊、狸等兽类来食用，但全民公然大量食用兽肉的情况没有出现。

对普通民众而言，随着时间的推移，食肉之风慢慢被削弱，肉食被视为肮脏的东西，民间还流传着"吃肉会嘴歪"的传闻，很多人深信不疑。

所以，虽然日本一直受中国和朝鲜饮食文化的影响，但因为禁食兽肉的关系，日本古代饮食从食材到所传递的文化寓意，都形成了具有自身鲜明特色的一套体系，并没有完全沿袭他国之制。

说服一个吃肉的民族不吃肉很难，说服一个不吃肉的民族再次吃肉也同样需要很强大的理由。到了江户时代，肉食禁令已有松动的倾向，一些料理书籍里悄然出现了对兽肉料理菜谱的记载。更具历史意义的一刻出现在1854年。美国军舰打开日本国门，日本政府与西方诸国签订了通商条约，日本的锁国时代就此结束，来自西方的货物和文化对日本产生了重大影响，这其中就包括西方饮食文化和料理方法的影响。

首先，在东京及长崎、横滨等通商口岸出现了西餐厅、西式餐饮店。为了满足肉类供应，养牛场也被建立起来。虽然最初只是在日本的外国人热衷食用肉类，但时间久了，难免有些日本本地人也会尝试一二。同时，一些有西方生活经验的日本人也在媒体上呼吁日本人食用肉类，增强体质，健体强国，人们的饮食观念逐渐发生改变。

到了 1871 年，顺应时代的明治天皇颁布"肉食解禁令"，"食肉"这件事从政策上得到了最终确认。天皇又以身作则，在自己的饮食中增加了牛奶和牛肉，以鼓励民众食肉。于是，自 19 世纪 70 年代开始，从最初的牛锅店到种类繁多的各式牛肉料理店，以牛肉为代表的肉类在日本恢复了生机。

日本群马县的猪肉火锅

"鲷大位，鲤小位"

——古代日本人崇尚什么鱼？

现在，说起日本料理的鱼类，大家首先想到的多半是丰腴的金枪鱼，而在古代日本，金枪鱼其实是被长期打入冷宫的一种鱼。日本人的味觉偏好在历史的流转中，发生了非常大的漂移。那么，古代日本人到底崇尚什么鱼呢？

在遥远的绳文时代和弥生时代，日本人并没有太多的食物选择，只是欢天喜地地靠山吃山、靠海吃海。比如在神奈川县的"夏岛贝冢"遗迹，除了贝类之外，还发现了金枪鱼、鲣鱼、鲷鱼、鲈鱼、海鳗等多种鱼类的鱼骨。

到了平安时代（794—1185），人们可以接触到的鱼贝类品种更为丰富，在《延喜式》中就记载了琳琅满目的鱼贝品种。鱼类包括鲣鱼、鲷鱼、比目鱼、鲑鱼、鳟鱼、鲤鱼、鲈鱼、沙丁鱼、鲭鱼、竹荚鱼、香鱼、鲫鱼等，甚至还有鲨鱼这样威猛的动物。贝类则包括了鲍鱼、贻贝、螺类、蛤、牡蛎等。看起来，现代食用的很多河海鲜都被囊括其中了，然而实际上，由于运输和冷藏技术落后，在近代以前，在日本能够吃到鲜鱼（尤其是新鲜海鱼）的人口很有限。大多数海鱼被加工成了鱼干或腌制品，淡水鱼则在当时日本人的饮食中占据着更加重要的位置。

你可能不会想到，在 15 世纪以前，日本最受推崇的鱼居然是鲤鱼。《今昔物语集》中曾记载，在 12 世纪中期，在崇德天皇的力劝下，有一个名叫藤原家成的贵族展示切割鲤鱼技艺的故事。这说明，当时鲤鱼是很高规格宴会中的鱼类主角。

此外，因为鲤鱼"形象好、气质佳"，很早便被赋予各种吉祥美好的寓意。中国"鲤鱼跳龙门"的神话传说也传到日本，因此鲤鱼有出世成才之意。到了江户时代，便有了每逢五月五日男孩节（"子供之日"），家中有男孩的人家悬挂鲤鱼旗（鲤のぼり）的风俗，以祈祷家中男孩早日成才。

随着日本的渔业和水路运输大发展，物流体系逐渐完备，海鱼得以快速地流转到内陆，作为海鱼代表的鲷鱼便取代鲤鱼成为古代日本最受欢迎的鱼。

鲷鱼成功上位并非没有原因。鲷鱼长相非常喜庆，真鲷红色的鱼身与节日气氛交相辉映。鲷鱼的日文读音（たい、Tai）跟日文中"可喜可贺"（めでたい、Medetai）的发音类似。于是，鲷鱼被称为"鱼中之王"，还有很多关于鲷鱼的说法，比如"即使腐败，还是鲷鱼"，"鲷大位，鲤小位"，"人乃武士，柱乃桧木，鱼乃鲷"……总之就是鲷鱼地位至高无上的意思。所以，鲷鱼成为日本人节庆、喜宴时不可缺少的食物。

此外，鲷鱼的味道鲜美，料理方法多种多样，可以满足不同口味偏好、不同

日本青森八户的海鲜店

社会族群的需求。1785 年，还出现了一本叫作《鲷百珍料理秘密箱》的奇书，书中介绍了 102 种鲷鱼料理，从接地气的鲷饭、鲷面、山烧鲷，到阳春白雪的利休鲷、小笠原流鲷皆有收录，日本人对鲷鱼的痴爱写满了整本书。

在清雅口味备受推崇的时代，肉质肥美的金枪鱼一直无人问津。直到江户时期，人们才开始用酱油腌渍金枪鱼赤身，或做"葱鲔锅"（以酱油、味酥、酒、出汁加葱，来炖煮金枪鱼赤身），而金枪鱼肥肉的部分仍然被嫌弃。

到了 20 世纪 20~30 年代，金枪鱼中腩开始流行起来，但肉质柔软肥腻、制作握寿司难度大的金枪鱼大腩仍然是廉价货。直到"二战"以后，随着日本人口味的不断改变以及远洋捕捞技术、超低温冷冻技术和航空运输业的蓬勃发展，金枪鱼才全面开始了自己的"黄金时代"。

菜叶子里的修行

——精进料理是如何在日本寺庙中流行的？

在日本预订餐厅时，你可能会发现有种叫"精进料理"的料理类型。这是什么意思呢？精进料理简单来说是指素斋。在日本的语境里，精进料理有其独特的历史沿袭和风格。

据说"精进"二字来自梵文"VYRIA"一词，译为"毫不懈怠、修善止恶"。也有将"精"解释为"摒弃杂念、专心修行"，将"进"解释为"在日复一日、不间断的修行中毫不懈怠"，总之，我们可以看出这种料理和佛教修行有莫大的关系。

佛教自飞鸟时代传至日本，到奈良时代和平安时代逐步发展。到了镰仓时代，日本武士阶层实力壮大，贵族政治逐步瓦解，日本佛教也发生了重大变革。很多僧人赴宋朝学习，带来了宋代新佛教，并在日本成立了很多新宗派，其中就包括对精进料理影响巨大的禅宗曹洞宗派。

在平安时代之前，日本已经有了"素食"的概念。结合我们之前提到的"肉食禁止令"，公元 7 至 8 世纪的多位天皇都主张禁止杀生和食肉。虽然鱼肉和鸟肉不在禁止之列，但相对其他古代国家，日本人嗜肉的情结要少很多。随着佛教的发展，素食的推进也水到渠成，但那时的素食只是把鱼类、肉类排除在外，追求远离污秽不净之物的意味，并没有就料理方法明确规定。

到了镰仓时代，禅宗曹洞宗派创始人道元禅师及曾经在宋朝学习过的僧人正式确立了精进料理。他们运用中国的粉食技术，制作出丰富多样的粉状食物，运用禅院的烹饪方法料理植物性食材。他们也学习饮茶与茶道，研习奠茶礼仪。实

日本料理中的蔬菜食材

际上，精进料理就是建立在禅宗寺院细致复杂的敬佛、理事、待客茶礼之上的饮食模式，而不只是食用素食那么简单。

那么，在日本的精进料理中到底会吃到什么食物呢？精进料理运用蔬菜、藻类、豆制品、菌类等食材，用清淡的调味来制作美食。在室町时代的武家教科书《庭训往来》中，曾经记载了多种精进料理：豆腐羹、雪林菜、山药、豆腐、笋、萝卜、山葵菜汁、红烧牛蒡、昆布、土当归芽、煮黑昆布、煮蜂斗菜、芜菁、醋腌茗荷、醋泡茄子、黄瓜、暴腌咸菜、纳豆、炒豆、醋拌裙带菜、酒炒松茸等，还有一些用植物性食材做出的动物性食材味道的菜品，比如伞菌炒雁、炒鸭等，名为肉类，实为素食。

由于食材都是味道清淡的植物性原料，在烹饪过程中，料理人在调味上花了更多心思，而不是像以往的料理，将重点放在对动物性食材处理的刀工上。精进料理调味运用的汤底主要是昆布汤，调味料包括酒、味醂、酱油、醋等等。旧时，烹制精进料理的人都是寺院僧人，而非传统意义上的厨师，所以他们在烹饪料理时也会对自己有心灵层面的要求，比如勿忘"三心"，即愉悦修行的"喜心"，如父母对子女一样无私深情的"老心"，以及不带偏见、以平等公正之心看待万物的"大心"。在烹饪精进料理时，也会尽量将每一食材的所有部分都物尽其用，不浪费任何自然的馈赠。

当然，精进料理并非一直都是仅限僧人食用的料理。随着茶道的普及，精进料理也在寺庙之外流行开来。在镰仓时期，王宫贵族举行宴会的时候，也会引入一些素斋，由专门的精进料理人来负责制作唐纳豆、魔芋、唐粉、素面等食物。

　　作为"大型肉食动物"，很多人对味道清淡的素斋并不感兴趣。但是，精进料理的理念和对食材的料理方法，在后世的料理演进中对日本料理有深远的影响，我们熟悉的怀石料理就是在借鉴精进料理的过程中逐步发展起来的。所以，我们去日本不一定会专程去吃精进料理，但精进料理的点滴印记也许也会在不经意间被捕捉到。

炖煮蔬菜料理

"抱石暖胃"与饕餮人间

——怀石料理变奏曲

去日本旅行时，越来越多的人并不满足游览名胜古迹之余只是吃碗拉面或是盖饭这样的 B 级美食。他们会提前做好功课，预订高级的料理店，希望可以体验精致的日本美食。而在高级料理店，我们经常会邂逅怀石料理。

从字面意思来看，"怀石"二字就是怀抱石头，这和料理又有什么关系呢？"怀石"这个词最初出现在江户时代的元禄时期。彼时，在寺庙中修行的僧人因为感到腹中饥饿，怀抱着烤得温热的石头来对抗饥饿感。

怀石充饥到底是不是个好主意呢？你可能会觉得这只是治标不治本的"精神胜利法"，或者是修行僧人定力不够的表现。然而，这个典故传达的意义在于："怀石料理"是一种和修行有关的料理，有精神层面的诉求，不仅是宴饮享乐。

说到禅意与精神诉求，很容易让人联想起日本茶道。实际上，怀石料理的产生的确与日本茶道的发展密不可分。茶道从中国传入日本之后，最初是禅院僧人研习茶礼。到了镰仓时代末期，饮茶之风从寺院流传到各个阶层，被大众所接受。在饮茶、斗茶（源于中国宋代）时会有一些佐茶的餐食，到室町时代初期的茶会

上，出现了作为怀石料理雏形的佐茶餐食。

原本，茶道只是宴会的前奏，宴会到了最后难免是觥筹交错、酒池肉林，一派奢靡、放浪的作风。很多贵族很享受这样的豪气，而闲寂茶道的武野绍鸥和弟子千利休则觉得，高雅的茶道完全被庸俗的宴会拖下水，应该改变这种风气，切断酒宴与茶会的联系，将茶道独立出来，追求清雅、闲寂的精神世界。

对日本茶道略有耳闻的朋友可能听说过"茶圣"千利休（1522—1591）。他开创了千家流茶道，是日本首屈一指的茶人。他一生跌宕起伏，曾经在织田信长、丰臣秀吉等人门下做事，最终因为得罪丰臣秀吉而被迫切腹自杀。他的人生经历告诉我们，表达自由意志是活着的乐趣，但审时度势是活着的前提。

在千利休等人的倡导下，茶道精神在发生变化，佐茶的餐食便也随之调整，既可以满足适度饮食的原则，又要与茶道的风格相呼应。他们提倡茶道搭配"一汁（汤）三菜"的餐食，具体包括米饭、一道汤（一般是味噌汤）、三道菜（一般是刺身、煮物、烧物）。这种餐饮形式最终于 16 世纪得以确立。起初被称之为茶之汤料理，后改称怀石。

茶道与寺庙渊源颇深，怀石料理在烹饪方式和菜品呈现方面也受到精进料理的影响。茶道中追求季节感、食物与器物的美感和平衡感等理念，也对怀石料理产生了深远影响。餐食的形式采用"膳"的形式，一般以木质方盘呈上，继承了当时日本正式宴会的料理类型——本膳料理的一部分形式和烹饪方法。由于是以茶事为目的，所以这种怀石料理也被称为"茶怀石"。

　　在历史的变迁中，怀石料理也在不断演进，成为讲究食材与精工细作的日本顶级料理的代表，它以高雅深邃的意境展示着日本料理的更多可能性。

一汁三菜

 "我们来自天朝"

——日本料理中的中国影响

身边总有些人喜欢不失时机地"黑"一下日本料理，觉得日本料理里满满都是中国料理的影子，但在菜品种类和烹饪手法的丰富性方面似乎又不及中国料理。在这篇中，我们暂且不论两国料理孰优孰劣，仅从日本料理的沿革来看，来自中国的影响非常大。

在日本历史的不同时代，各种食材、烹饪方法通过移民、僧侣、留学生、商贸等方式陆陆续续从中国传至日本，很多时候是从朝鲜半岛间接传入。这些交流改变了日本原有饮食的面貌，有的甚至成为日本饮食最基本、最常见的元素。正是在中国饮食文化的影响下，在不断的融合与创新中，日本料理才得以脱颖而出。

在唐代，随着遣唐使在中日之间的往来，"唐果子"传到了日本，当时被称为"八种唐果子"的分别是梅枝、桃枝、葛胡、桂心、黏脐、毕罗、锥子、团喜，看名字已经可以想象其美好。当时，日本本土固有的点心多是干燥的果实制品，新颖复杂的唐果子开启了一个新的时代。

日本平泉文化遗产展览中的部分唐果子复原物

此外，唐代的索饼传到日本，逐渐演化为乌冬面；20世纪初，上海和广东的切面传入日本，变成了日本拉面；"二战"之后，中国东北的饺子传入日本，演绎成日式饺子。

唐代传到日本的食物还有乳制品，包括酥、酪、醍醐等等，作为遣唐使带回来的珍贵食物，这些乳制品一度被神化为壮阳之物，在贵族中颇为流行。但是随着唐文化的没落，乳制品并没有在古代日本发扬光大。中国的莲藕、蚕豆等蔬菜也是由日本的僧侣在这个时代从中国带回的。

随着禅宗在日本的发展，豆腐和面麸制作技术、油炸技术也从中国传入，在精进料理中发挥重要的作用。

在调味品方面，据说砂糖是由鉴真法师带到日本的，一度被日本贵族视为珍品，同时被认为具有治疗感冒的功效。但是由于当时日本并没有种植甘蔗，广泛食用砂糖是数百年之后的事情了。豉和酱也源自中国，这些以谷物为原料的调味品对日本味道的形成有着重要的影响。

餐具方面，继公元前4世纪至前3世纪时稻米从中国传入之后，影响日本人饮食生活的另一件大事是公元7世纪初（圣德太子时期）筷子的传入。在此之前，日本人都是用手吃饭的。用筷子吃饭明显感觉文雅了许多，很快受到贵族的垂青。平安时代，贵族吃饭时的标配：一双竹筷，一双银筷，一个勺子。后来，由于日本人喜欢吃黏性大的米饭，且喜欢端着碗吃饭，他们觉得勺子不太好用，于是筷子成为绝对主角，而勺子的使用远不如在中国和朝鲜半岛常见。

此外，日本的精进料理、茶道、宴会形制也深受中国文化的影响。于是，由此影响到的怀石料理也有中国文化的影子。

当然，我们也应该看到，日本在中国文化的影响下，在不断探索具有自身个性的料理，而中国在历史的演进中也在不断改变与剥离原有的饮食风格和料理类型。所以，时至今日，中国料理与日本料理虽然有共通之处，本质上却已迥然不同。

第二章
日本餐桌大冒险

在日本旅行，我们会邂逅哪些美味菜式？在寿司的铿锵节奏里沉醉，或是在串烧的轻快氛围里把酒言欢，在午后街头来一碗治愈系的盖饭，或是在傍晚的料亭深处享用一席怀石……让我们一起在日本的餐桌上来一次别开生面的冒险。

鱼和米的一万种可能性

——寿司的前世今生与百变形式

寿司，几乎是日本料理给人的第一印象。与很多如今被理所当然认为是"和食"的料理一样，寿司溯源于东南亚的一种食物：当地人将盐渍的鱼和米饭拌在一起，产生醋酸发酵。大约是在奈良时代（公元 8 世纪），这种被称为"鮨"或者"鲊"的食物传入日本，在日本各地渐渐发展。然而，我们最为熟悉的握寿司或江户前寿司其实是在很晚的时间才出现在日本人的生活中的。在那以前，日本陆续出现了很多样貌完全不同的寿司类型。

熟寿司

熟寿司是日本最古老的寿司形式。将鱼贝类用盐渍后，洗去盐分，和米饭一起腌渍。腌渍发酵时间一般在数月以上，甚至可达数年。想尝尝熟寿司里的米饭吗？不要冲动！熟寿司最后成品时米饭已成糊状，所以大多只食用鱼肉。熟寿司的形式如今在日本还存在，代表物是滋贺县的鲫鱼寿司。

生熟寿司

生熟寿司出现在 12 世纪到 13 世纪，是由熟寿司发展来的寿司。这时，机智的日本人领悟到，做熟寿司时米饭不能食用实在是暴殄天物的事，所以他们缩短熟寿司的发酵时间，做出生熟寿司。这种寿司的米粒保持颗粒状，可供食用，于是皆大欢喜。流传至今的生熟寿司有三重县的秋刀鱼生熟寿司等。

饭寿司

饭寿司也属于发酵寿司，但与熟寿司、生熟寿司不同，饭寿司发酵过程中使用了曲，在曲的帮助下，发酵大业有了事半功倍的效果。这种与生熟寿司大致同时期产生的食物主要存在于北海道、本州东北、北陆等寒冷地区，如北海道的鲑鱼饭寿司、石川县的芜菁寿司等。

押寿司

押寿司是寿司界举足轻重的角色，在关西地区非常流行。押寿司最早出现在14到16世纪，被称作"押寿司"的原因就是：它真的是将鱼肉放在米饭上压制而成的，也许这更符合关西人对美的追求吧。历史上，在发酵寿司"一统江湖"的时代，押寿司也是经过发酵制成的。但到了现代，与时俱进的押寿司也省去了发酵环节。押寿司包括不同的细分类别，比如箱寿司、棒寿司等。

江户前寿司

进入江户时代后，原本成本很高的醋得以大量生产，人们开始在米饭中添加食醋来代替发酵过程。相传住在江户的华屋与兵卫发明了一种握寿司，将醋和盐调味过的米饭捏成扁圆柱型，再在上面盖上鱼片。这种寿司形式被称为早寿司，又被称为江户前寿司。

　　江户前寿司原本只是在东京地区流行，但关东大地震以及第二次世界大战后严格的食品管制，反而推动江户前寿司在日本全国流行起来。究其原因，一是地震后的难民潮中也有不少寿司师傅，将江户前寿司带到了日本各地。二是战后日本食物奇缺，餐厅经营限制很多，而江户前寿司的委托加工制门槛低，使饮食店重现生计。

　　如今，江户前寿司已成为日本最具有代表性的寿司，人们说到寿司，往往指的就是江户前寿司。当然，熟寿司、生熟寿司、饭寿司、押寿司及一些有地方特色乡土寿司也延续下来，但影响力很有限。不过，这些乡土寿司承载了浓厚的地域饮食文化，往往只在一定地域范围的料理店提供，对热衷寿司的食客反而更有吸引力。

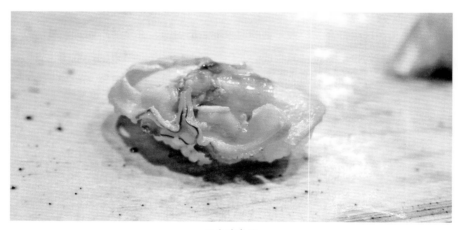

江户前寿司

优雅地油炸全世界

——天妇罗到底炸些什么东西？

说到天妇罗，你会想到什么呢？天妇罗虾、茄子、莲藕这样的油炸"老三样"吗？其实，天妇罗并不总是这么无趣。

随着媒体对日本的一些天妇罗店的报道，很多人对天妇罗的印象逐渐有所改观。大家渐渐了解，在日本的天妇罗专门店里，会有很多意想不到的食材以天妇罗的形式展现自己的独特魅力。

虾料理是天妇罗店标志性的品种，往往在开篇出现。颜色明丽，线条优美，味道宜人，虾头和虾身两吃又可以带来截然不同的口感。从各方面来看，虾都是非常引人注目的天妇罗食材。在众多种虾中，车虾（也就是斑节虾）以其独特的颜色和肉质成为虾类天妇罗的首选食材。不同大小的车虾，其料理手段也不同，其中 10~15 厘米的车虾最适合用来制作天妇罗。

鱼类天妇罗之美不仅在于肉质细腻纯美，很多时候外形上也保持了鱼类的特有线条。在日本的天妇罗店，常见的鱼类有香鱼、大眼鲬、沙梭、银宝、虾虎鱼、剥皮鱼、星鳗等。不同的鱼因质地和含水量不同，经过天妇罗料理之后，会有截然不同的口感。比如味道纤细、含水量大的沙梭，要通过适中温度的油炸展现松软柔和的感觉；而纤维短促的星鳗则要用高温完全炸透，来突显令人销魂的酥脆感。是山居的星鳗天妇罗更是其中翘楚。在炸制完成之后，主厨早乙女师傅会拿起金属筷子，在"咔擦"一声轻响之后，星鳗利落地被截成两段，热气殷切地从天妇罗中升腾开来，充满惊喜和仪式感。

此外，贝类和头足类也是天妇罗常用的海鲜食材，比如乌贼、软丝、文蛤、鲍鱼、牡蛎、扇贝等。吃这类天妇罗的妙处是体验半生熟的口感对比，食材表面微脱水、味道浓缩，而内部保持生鲜甜美。

蔬菜天妇罗中，含淀粉比较多的蔬菜是很重要的一类，比如南瓜、土豆、莲藕、栗子、慈姑、红薯、山药、牛蒡等。它们绵润沙爽、甜美曼妙的味道给我们的天妇罗之旅留下很多美好回忆。此外，各种菌类天妇罗丰腴多汁，野菜天妇罗外形独特、清鲜别致，秋葵天妇罗酥脆的外表下暗潮涌动，茄子天妇罗柔嫩清丽……这些都是蔬菜天妇罗的动人瞬间。

还有一类天妇罗，使用的食材单体体型很小，所以是通过集体上阵的形式来展现恢弘的气势，比如樱花虾、白鱼、小柱、甜玉米、胡萝卜丝等。这些天妇罗吃起来既有食材本身的鲜味，又有丰富层理带来的满足感，还有多重酥脆在口中爆裂的感觉。

是不是和寿司一样，天妇罗也讲究食材的季节性呢？正是如此。春季可以品尝银鱼、香鱼、樱花虾、文蛤、蚕豆、芦笋、刺嫩芽等；夏季则是大眼鲷、沙梭、银宝、茄子、南瓜等；秋季不妨尝试虾虎鱼、松茸、牛蒡、栗子、百合；而冬季不要错过牡蛎、白子、扇贝、红薯等。在一些天妇罗店，有些品种可能并不是在食材盛产期推出，而是在食材刚刚上市时推出，有尝鲜之意。

刚才说到的都只是海鲜和蔬菜，这些是传统的天妇罗食材。可是脑洞大开的料理人并不满足这些，于是出现了鸡肉天妇罗、牛肉天妇罗、猪肉天妇罗、柿饼天妇罗、鸡蛋天妇罗、纳豆天妇罗、寿司天妇罗、枫叶天妇罗、梅花天妇罗、馒头天妇罗，当然还有冰淇淋天妇罗……至于味道，只有亲自品尝才会知道。

东京近藤天妇罗料理的虾头天妇罗

 # 别有"丼"天

——日本有哪些脍炙人口的盖饭？

"丼"（音同"洞"）是人们熟知的日本料理品种，正规名称叫"丼物"，简称为"丼"。这个长得很有落井下石即视感的字其实是日本对于盖饭的通称。丼的常见做法是用大碗盛饭，然后在上面放鱼、肉、蔬菜等。与盖饭在中国非常有群众基础的情况相似，丼在日本也是一种相当大众的料理，常见于简单店和食堂，还有专门售卖丼物的专门店，具有很高的人气。

丼物有着悠久的历史，纵然日本古代上流阶层倡导米饭和菜分开食用的习惯，但将米饭和配料放在一起的丼物，因其方便和"美味"还是在日本料理中搏到一席之地。人们特别喜爱酱汁渗入米饭的美味，店家也觉得丼物方便料理而热衷提供，这"双赢"的格局让丼物自江户末期开始盛行到现在。

在日本，你吃过哪些"丼"呢？

牛丼也许是最出名的丼物。将分店开到全世界的丼物连锁店吉野家、松屋和"すき家"主营的便是牛丼。牛丼主要配菜是碎牛肉片和洋葱丝，食用方便。酱汁一般用酱油、味醂和糖调配，广受食客欢迎。

牛丼

　　因为古代日本肉食禁令的关系，牛丼的历史其实也并不算长，最早出现于明治维新之后。但由于牛肉价格高企，那时的牛肉饭并不盛行。转折发生在 20 世纪 70 年代，机智的日本人开始从牛骨上削下碎肉制作牛丼，成本低，售价低廉，很快被市场接受。由于需求大，市场上的牛丼所需肉大量依靠进口，各店家也干脆搏斗到底，纷纷打出令人心惊胆战的低价竞争战略，一浪高过一浪，也算日本餐饮市场的一大热点。

　　"亲子丼"在日本拥趸甚多，最常见的亲子丼以鸡肉、鸡蛋、洋葱等为配菜。"亲子丼"这么爱意浓浓的名字来自丼物中的鸡肉与鸡蛋这两种同源食材。由日本桥人形町的鸡料理专门店"玉ひで"在 19 世纪末首创。与牛丼的食材门槛要求较低不同，鸡肉亲子丼讲究采用上等鸡肉和鸡蛋，即使在高级料理店也有可能出现。此外，包含鱼与鱼卵的丼物被称为"海鲜亲子丼"，鸭蛋和鸭肉的丼物被称为"鸭亲子丼"，都有可能简称为"亲子丼"。

在日本，你有可能还会遇到一种被称为"胜丼"的盖饭，看名字完全不知为何物。只有看到图片你才会恍然大悟，原来是人类的好朋友——猪排盖饭。之所以叫胜丼，是因为猪排盖饭在日语中与"胜利"音似。猪排盖饭里面除了炸猪排，还会有半生蛋和洋葱，一丼入口，瞬间能量满格。

丼类里怎能少了让人大快朵颐的金枪鱼呢？金枪鱼盖饭在日本被称为"铁火丼"。将金枪鱼刺身（一般是赤身部位）稍微腌制，配以姜泥、海苔丝等，食用时还要用山葵和酱油调味。相比金枪鱼寿司，金枪鱼盖饭显得随性而豪爽。

鳗丼

在天妇罗专门店吃天妇罗套餐时，有时候我们会觉得一组天妇罗吃下来还是有点油腻的，此时内心会无比期待米饭来"拯救世界"。天妇罗盖饭，也被称为"天丼"，就是天妇罗和米饭的组合。天妇罗盖饭里面往往会有蔬菜、虾、星鳗、贝柱等食材，做成丼物的天妇罗往往比天妇罗单品味浓一些。

除此之外，鳗鱼饭（鳗丼）也是丼物中不可不提的一种，丰腴的鳗鱼肉搭配香浓的酱汁，让很多日本人魂牵梦绕，在中国同样是很多日料爱好者心心念念的美食。

丼物因其配菜不同而种类繁多，并习惯依照碗内所装盛的食物名称来命名为"某某丼"，可谓五花八门、包罗万象、别有"丼"天。

 面面俱到

——拉面、荞麦面、乌冬面里的门道

虽然米饭在日本主食界声名显赫，但面条界也一向精英辈出。日本拉面、荞麦面、乌冬面作为日本面条界的"三大金刚"，也有说不尽的故事。

日本拉面源于中国，然而它和兰州拉面并没有太大关系。虽然叫"拉面"，但这个名字其实有点虚幻，日本拉面并不是拉制而成的，而是一种切制而成的面。日本拉面最早由旅日华人在横滨的中华街售卖。1910 年，一个叫尾崎贯一的日本人在东京浅草开设中华料理店"来々軒"，代表了拉面走出中华街。"二战"后，拉面在日本各地兴盛起来，口味呈现惊人的多样化，但无论如何变化，一碗拉面总是由四部分组成，即汤底、面条、调味和配菜。

福冈博多拉面

日本拉面中有三种基本汤底，即鸡骨、豚骨和鱼干（鱼介），拉面店以单用或混用基本汤底做成自家面汤。在地道的拉面店，拉面汤底需要连续炖煮数小时乃至数天，但也有拉面店采用工厂事先做好的汤底，大大降低成本。

大多拉面店只有一种粗细的面条，但一些标准化生产的连锁店能提供多种粗细的面条。拉面店的面条大多为制面厂生产，不过机器制面方便控制面条的各项参数，可以保持拉面店的面条特点。

日本拉面也有三种基本调味，即酱油味、盐味及味噌味，各地的拉面店在基本调味基础上互相混用，组合多样，再加上汤底的变化，拉面遂形成各自不同甚至千奇百怪的口味。

日本拉面的配菜通常会放上叉烧、豆芽、海苔、鸡蛋、蒜末、鱼板、笋等。拉面店制作一碗面的程序一般是在汤底里调味，随后把煮好的面放进汤中，端给

札幌味噌拉面

食客，再在面上放上配菜。拉面呈上后，食客应该在最短时间内将拉面吃完，以免拉面的风味发生变化。吃面时不必忌讳吸面喝汤发出的"吱吱"声，相反，这是食客表达拉面美味的礼貌。

日本的三大拉面是北海道札幌拉面、福冈博多拉面和福岛喜多方拉面。此外，还有很多具有鲜明地方特色的拉面种类。品尝日本拉面，到"一兰"等拉面连锁店是非常简单的选择，但作者还是推荐去一些开业已有一定年数，商业味道不浓，看上去简单甚至破落的拉面店就餐，那种安心只做一碗面的美味非连锁店可比。

日本人吃荞麦面的历史悠久。现在，在专门的荞麦面馆或各式食堂、居酒屋

都可以看到荞麦面的身影。在一些特别的场合，如过新年或乔迁新居时，日本人也有赠送荞麦面、食用荞麦面的习惯。

荞麦面店几乎遍布全日本，各地均有引以为傲的荞麦面做法与"品牌"，如长野信州荞麦、岛根出云荞麦等。近年来，随着日本料理在世界范围内广受欢迎，荞麦面在海外也能看到。

识得知名荞麦品牌自然会为日本饕餮之行加分，但更重要的进阶技能是了解与荞麦面制作工艺相关的"暗语"。比如，店家也许会提到荞麦面的"细切"与"太切"，这到底是什么意思呢？这其实说的是面粉的质地。"细切"也称更科

鸡骨酱油拉面

信州荞麦面

出云荞麦面

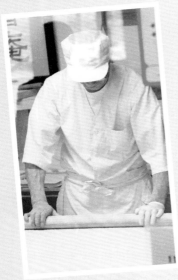

手工制面

荞麦，是用荞麦胚乳中心部分的面粉做成的，面条口感细腻柔软，颜色呈乳白色；"太切"也称田舍荞麦，荞麦面粉里混合了荞麦壳，面条香味突出，颜色呈深色，口感较硬。

点单时，你可能还会发现店里特别注明荞麦面的"割数"，这又是什么意思？原来，"十割"荞麦面的面团是十成荞麦面粉制成，"八割"则是八成荞麦粉、二成小麦粉制成，依此类推。"割数"越高，荞麦香气越强，面条越易断。

选择困难症患者想吃一顿荞麦面确实困难重重，待选完面粉质地与面粉拼配比例之后，还要再选择热食还是冷食。热食是汤面，冷食是蘸面，汤底和拌料大多用出汁熬成，添加的配菜有葱花、山葵泥、紫菜丝、天妇罗、油炸豆腐、生鸡蛋等。其中，冷食是荞麦面的基本和最经典的食用方式，放在笊（一种盛器）里且配海苔的面被称为笊荞麦，其他的冷面可以称为盛荞麦。

总体来说，荞麦面是日本面食类料理中最讲究手艺的。在那些手工制面的专门荞麦料理店里，料理人精于配面、擀面、切面等技术，被称作荞麦面职人（蕎麦職人，そばしょくにん），他们做出的手打荞麦面要远远胜过机器制出的面。

　　乌冬面又称为乌龙面，日语汉字的写法是"饂饨"。乌冬面作为日本各处都能见到大众料理，是一种由小麦、鸡蛋制成的面条，但各地的特色与做法有较大不同。关于日本三大乌冬面有不少说法，最常见的说法是香川县的赞岐乌冬、群马县的水泽乌冬和秋田县的稻庭乌冬（作者均十分推荐）。从消费量上看，四国香川县生产的赞岐乌冬位列第一。

　　乌冬面在食用方法上与荞麦面有相似之处，如添加配菜后成为油炸豆腐乌冬面（かけうどん）、天妇罗乌冬面（天ぷらうどん）、生鸡蛋乌冬面（月見うどん）等，将上述菜名里的"うどん"替换为"そば"，就是相应的荞麦面。常见的乌冬面做法还有锅烧乌冬（釜揚げうどん）、咖喱乌冬（カレーうどん）等。日本有多家乌冬面的连锁店，就餐只需几百日元。但要感受真正美味的乌冬面，建议还是要去四国、秋田、群马等地，那种浓厚的乌冬面氛围，实在要比大城市里的速食乌冬面店更值得拜访。

稻庭乌冬面

 # 烧烤的一千种对象

——日式烧肉和串烧

去日式烤肉店吃肉或是去串烧店"撸串"是日料爱好者特别喜欢的事。这样轻松的环境，迷人的烧烤香气，心怀"脂肪即正义"的坦荡感，大啖各种肉类，真是让人酣畅淋漓。

说到烤肉，有的同学会对自己吃的是日式烤肉还是韩式烤肉有点摸不着头脑。日式烤肉，日语汉字写成"烧肉"，是近代才发展起来的一种料理形式。坊间传说，包括一些严肃或不严肃的文献，都将日式烧肉描述为从朝鲜半岛传入的食物。但也有研究认为，在 20 世纪 30 年代左右，从朝鲜半岛引入日本的烧肉店，采用店员烧烤的方式提供食物，而当时日本流行的"成吉思汗烤肉"，则是客人自己烧烤。两者相结合，就产生了当今的日式烤肉。所以，日式烤肉可能源自韩式烤肉，但也有自己的特色。

日式烤肉在日本是相当常见的料理，烤肉店遍及日本各地，在中国也逐渐流行起来。日式烤肉店里常见的食材有牛肉、猪肉、鸡肉、马肉、海鲜、蔬菜等，其中牛肉及其内脏最常见，而酱料有特制的烤肉酱、山葵酱、柠檬汁等。日本本土的烤肉店使用的牛肉大多为日本产"和牛"，也会使用进口"和牛"，但由于

中国禁止进口日本产牛肉，所以中国的日式烤肉店只能从国内或其他国家地区获取食材，所获牛肉的肉质与日本"和牛"有一定差距。

　　有了肉，接下来就是选择怎么烤了。日式烤肉有炭烤和燃气烤两种方式，大多食客都会认为炭烤比燃气更好。优质木炭燃烧时的温度高，而且会带来特殊的炭烤烟熏香气，是一般烧烤的不二选择。然而，牛肉的某些部位肉质纤细，如果用炭烤，反而会将肉本身的味道掩盖。另一方面，炭烤的温度高，火势难把控，厨艺参差不齐的客人较难控制火候。所以，如果遇到一家用燃气烤的日式烤肉店，先别急着皱起眉头，说不定能得到不同于炭烤的惊艳感受呢。

烧鸟店

串烧是日本最常见的下酒菜之一，无论是在居酒屋还是串烧专门店，品尝串烧喝着啤酒，都是让钱包和精神毫无压力的愉悦体验。

串烧的食材主要有鸡肉、猪肉、蔬菜等，最常见的是鸡肉串烧。鸡肉串烧的一般做法是将切成一口大小的鸡肉穿起，放在炭火上烤，随后刷上酱汁或撒盐来吃。在日本，鸡的大部分，包括鸡肉、内脏、鸡皮等都能做成串烧。最常见的是鸡腿肉（もも）、鸡胸肉（ささみ）、鸡翅膀（手羽先）、鸡肉丸（つくね）和京葱鸡肉（ねぎま）；鸡肝（レバー）、鸡心（ハツ）和鸡胗（砂肝）等也相当受欢迎，与其他动物的内脏相比，鸡内脏显得更好入口；鸡软骨（ナンコツ）更是有脆硬的口感，深受老饕欢迎。此外，不要被"烤鸡屁股（ぼんじり、ポンジリ）"这个名字吓到，这个部位其实肥而不腻，几乎所有店都能处理得毫无异味，很多食客一尝就会喜欢上。

炭烤

日式串烧

与美食家对日本烤肉店究竟用炭还是燃气烧烤各执一词不同，地道的烧鸟店清一色用炭烤。一方面，鸡肉在烧烤时一般都是小块，需要在最短时间内将表皮、外层加热，否则会丢失水分；另一方面，相对于其他肉种，鸡肉的味道寡淡，更需要炭烤香气来提香、提味。

在串烧料理店点餐时，请看清标注的价格是一串还是两串，大多数标注的是一串的价格。如果想以最少的预算品尝最多的种类，可以考虑点一个拼盘（盛合）。在点菜时，店家一般会问"要酱汁味还是要盐味"，还有可能有其他调味方式。酱汁味的味道浓郁，盐味的相对清淡，可以按照喜好选择。串烧店的桌上都有一个小罐，里面放着"七味唐辛子"，是具有日本特色的辣味调料。还会有一个空桶，可以在尝完一串烤肉后，将穿肉的竹签放在里面。这里提示一下，地道的食客品尝鸡肉串烧时，是用筷子将鸡肉从竹签上夹下来放在盘子里食用的。不过，直接拿起竹签，如在中国品尝羊肉串那样大快朵颐，也并没有什么不妥。

那金灿灿的满足感

——日式炸猪排的幸福指数

从大都市到小集镇，日本人每天都是行色匆匆。在人流密集的车站和商业区，遍布的各式简餐店便是繁忙的人们打发肚子的好去处，从拉面到荞麦面，从鳗鱼饭到串烧店，疲惫却坚毅的路人有自己的选择。而其中，炸得金黄色的日式炸猪排非常受欢迎，各家食堂、小店的菜单上几乎都有它们的身影。当一份炸猪排呈上时，食客真能两眼放光，一口下去，甜鲜的肉汁四溢，真是无上美味。

炸猪排算不上传统和食，是明治时代逐渐开放肉食禁令后，在牛肉、猪肉为主要食材的西餐化饮食风潮中诞生的料理。在那个日本与西方国家加速交往的年代，诞生出炸猪排这种日洋混合的料理并不算少数，大约同时期出现的"可乐饼""咖喱饭"都是如此，这些具有日本元素的西洋料理被日本人称为"洋食"并延续至今。日本洋食多为简餐，那些年代稍久的洋食店大多创立于明治、大正及昭和初年。

如何才能炸出带给人幸福感的猪排呢？

猪的品种和部位很重要。用作日式炸猪排的主要猪种有约克夏、蓝瑞斯和盘克夏（黑毛猪）。业界认为，养育6到7个月的雌猪肉质最佳。

与"和牛"的品牌化战略相似，日本产的猪肉也在不断推进品牌化进程。目前，日本最为知名的品牌猪有山形县的平牧三元猪（三元猪指由三个猪种交配而成，即将 A 和 B 交配生产的猪再与 C 交配生下的品种），鹿儿岛县的黑毛猪（日本最知名的盘克夏黑毛猪）及冲绳县的阿古猪。如果在炸猪排店看到这些动人的名字，一定不要错过。

在猪肉部位的选用方面，普遍用的有两处：大里脊和小里脊。大里脊，日语写作"ロース"，是猪从胸部到腰部的背侧肉，肉色为淡灰红色，有光泽的肉为上品。

炸大里脊

炸小里脊

小里脊，日语写作"ヒレ"，大里脊的内侧的两条肉。与大里脊相比，小里脊的肉质非常细嫩。不过，由于小里脊属稀少部位，一头猪一般只能取到1千克，所以在餐厅里选用的货源较杂，即便在崇尚国产的日本，小里脊也多见进口冷冻货。

吃炸猪排的时候你会发现，有的炸猪排肉质松嫩，有的则有筋膜的干扰。这是因为料理人预处理的水平存在差异。大、小里脊在料理前都要先切分，再用工具拍扁。大里脊的筋膜较多，需要花心思切断，如偷懒省略这步，口感就会很差。有的店会采用事先腌渍的方法来处理猪肉，这并不是必需程序，关键在于厨师的选择。

面粉、蛋液、面包粉是为猪排鲜嫩美味保驾护航的三大护法，它们互相搭配才能营造出猪排外衣漂亮的金黄色、酥脆的口感及迷人香气。

第一步，裹面粉。面粉可以帮助蛋液与面包粉的结合，吸收食材表面水分，防止油炸时产生油爆"炸开"炸衣。第二步，裹蛋液。蛋液在加热后就会凝固，进一步避免炸衣剥离。此外，蛋液在被加热接近180℃时，其内部会产生化学反应，形成被称为类黑精素的物质，不仅使炸衣变得金黄好看，还会散发浓郁的香气。最后一步，裹面包粉。在油炸后，面包粉的水分首先会蒸发，形成油水交替反应，来带令人销魂的酥脆口感。

听起来并不复杂，对吧？可是，面粉用低筋还是高筋的，蛋液里是否还需要添加其他配料，面包粉用干粉还是新鲜粉，面包粉的成分与颗粒如何选择……对于这些细节，每家店的选择都会有所差异，而这种秘而不宣的细节最终决定了炸猪排到底有多好吃。

用不同的油炸制的猪排也会不同。炸猪排最"名正言顺"的炸油当然是猪油，猪油的油酸含量高，与食材产生油水交替反应后，最容易形成酥脆的口感且与猪排很搭。不过，过多摄入猪油并不健康，因此在炸油的选择上，各家猪排店"八仙过海"，较多的采用动植物油的混合油，如煉瓦亭用的是1∶1的猪油和色拉油，"とんかつ"率先命名者之一的新宿"王ろじ"用的是猪油和白绞油的混合油。也有完全用植物性炸油的店家，如上海也设有分店的和幸就是用完全植物油，同样进入中国的银座梅林用的也是百分百棉籽油。采用完全植物油料理的店家，要实现运用动物油的油炸效果，对厨艺的要求非常高。

此外，受现代人健康饮食和猪类养殖经济效用的影响，养殖脂肪较少、出肉量大的猪渐成主流。脂肪较少的猪肉在油炸后容易收缩，呈现出"干燥"的口感。

还有些店家为了迎合一些食客的口味，甚至事先将猪肉油脂全部剔除，这都对厨师如何改善口感提出了很高要求。好在油炸时如果控制好时间和温度，恰到好处的油脂渗入能缓解肉的干柴感，或者可以说，厨艺过关的话，油炸似乎是改善低脂肪猪肉口感较为理想的料理方式。

可能前一分钟你正醉心炸猪排的酥脆，后一分钟就被它的油腻击倒了。这时，一堆高耸的生卷心菜丝无疑是拯救味蕾的天使。卷心菜富含维生素 U，有修复肠胃、抑制油腻感的作用，可谓油炸食物的绝搭。率先采用生卷心菜搭配猪排是东京老店炼瓦亭。原本炼瓦亭用的是煮熟的蔬菜，但据说"日俄战争"爆发后，厨师多被抓壮丁上战场，人手不够的店家无奈之下尝试使用生卷心菜丝，没想到这种便宜的生蔬菜居然大获成功，造就了"炸猪排 + 卷心菜"的百年好搭档。

除了卷心菜丝，在日式炸猪排的配料方面，各店或各地会有差异。有的店配味噌（如名古屋的味噌炸猪排），有的店家是自制酱汁调味，还有的店家会扔一个小钵让客人自己磨芝麻，乐趣颇多。

以死相搏的吃货精神

——河鲀料理到底有多美味？

你可能会奇怪，为什么题目写成"河鲀"而不是"河豚"呢？虽然大家经常将这个长相夸张、味道美味的鱼写作"河豚"，但"河豚"其实还包括作为哺乳动物的淡水豚类，为了避免歧义，我们索性写成"河鲀"。

2008 年发行的日本电影《入殓师》凭借深刻的主题、感人的故事、上佳的表演和优美的取景，在次年荣获"奥斯卡"最佳外语片奖。片中有一个很出名的场景：男主角第一次与社长深聊，社长正在办公室的楼上吃东西。社长当时吃的是男主角从没尝过的，被社长称之为"好吃得伤脑筋"的食物——河鲀的白子。"白子"即鱼的精囊，笔者也曾不止一次尝过河鲀的白子，确实非常美味。白子并非河鲀唯一好吃的部位。就如日本著名美食家、陶艺家、画家北大路鲁山人所说，"河鲀是天下独一无二的美味"[1]。河鲀凡是能拿来做菜的部位，如皮、肉、白子等，都能给食客留下深刻的印象。

---

① 《食神漫笔》北大路鲁山人著，陕西人民出版社，2014 年出版。

日本食用河鲀的历史悠久，在江户年代便在民间盛行，尤其在本州岛西部的山口县和北九州，河鲀料理很受欢迎。山口县下关市一带历来是日本最大的河鲀交易和处理重地，那里的中间商用"袋子竞价"的方式交易河鲀，非常有意思。

然而，河鲀的血液、肝脏和卵巢等部位含有致命的"河鲀毒素"，如处理不当，会造成食客中毒乃至死亡。因此，河鲀在日本也曾被禁止食用。到了近代，河鲀处理逐渐形成了一整套的规范，日本也于明治年间解禁河鲀料理，并实行料

下关的"袋子竞价"

理许可制度。其间，日本第一张许可证被山口县下关市的割烹旅馆"春帆楼"获得，而这春帆楼正是甲午战争中清朝和日本停战谈判地。也是在这里，李鸿章和伊藤博文签署了《日清讲和条约》，即《马关条约》（马关是下关一带的旧称）。可以说，这著名的历史事件居然和河鲀还有一点关系。

言归正传，在日本规定可以食用的河鲀有 20 多种，最为常见的是虎河鲀。虎河鲀已实现广泛养殖，养殖地有日本、韩国、中国等。无毒养殖河鲀技术也比

春帆楼

河鲀生鱼片

较成熟，无毒养殖鱼占整个河鲀市场的九成。不过，即使是以无毒养殖技术养育的河鲀，还是不能排除鱼身存在毒素的可能。因此，无论是养殖还是野生河鲀，鱼的血液、肝脏和卵巢在日本都是禁止食用的，唯一存在的例外是日本石川县白山市美川地区，金泽市金石、大野地区等三地的乡土料理"米糠渍河鲀卵巢"（河鲀の卵巣の糠渍け）。当地将河鲀肝脏和卵巢用盐水泡一年，再用米糠渍 2~3 年直到毒素降低到对人体无害的水平。经过这样处理的河鲀卵巢被视为重宝。出于安全考虑，日本只有上述三地具备制作许可的店铺和厂商被允许制作该料理。

除了这个珍奇野味外，比较常见的河鲀鱼料理有河鲀生鱼片、火锅、烤白子等。

河鲀生鱼片是河鲀料理的基本菜式，将鱼肉切成薄片，一片片摆成孔雀、牡丹等形状。新鲜的河鲀生鱼片肉质韧，味道鲜，具有很独特的味道与质感。

　　如果想吃点温暖、多汤水的，那就点一锅河鲀火锅好了。搭配白菜、葱、豆制品和高汤制成汤底，放入河鲀涮煮，鱼肉与汤头都鲜美异常。料理店还会建议食客吃到最后时将米饭放入锅中，做成河鲀泡饭，连汤喝入，必将难忘。

　　白子即河鲀的精巢。很多人初次听说日本人吃白子时，难免有些惊诧，然而尝到白子美味时便微笑颔首了。烤河鲀白子并非随时都可以吃到，是只有在寒冷季节河鲀交配时入菜的季节性料理。河鲀白子一般用火烤，有奶油般的口感，怪不得社长要说"好吃得伤脑筋"了。

烤河鲀白子

寿喜烧到底应该怎么烧

——关东、关西大不同

记得某年冬天去大阪旅行，突然想吃寿喜烧，在心斋桥七转八弯，终于找到一家有年代的寿喜烧老店。

店里和风满满，有气质的"女将"将客人引入包房。不一会儿，"女将"拿上了个铁锅。与我们在国内吃寿喜烧时铁锅盛满汤和食材不同，这家的铁锅空空如也，牛肉、蔬菜等等食材都放在边上。那时未见世面的我一脸茫然："这怎么吃啊？""女将"见此，会心一笑，特别说明："我家的寿喜烧是没有汤的哟……"

什么叫"没有汤"的寿喜烧？寿喜烧到底是有汤还是没有汤？那还要从寿喜烧的历史说起。

就如本书第一章里对日本饮食历史的叙述，日本有很长一段时间实行"肉食禁令"。当时，日本民众在大多数情况下禁止食用牛、马、狗等兽肉。进入江户末期，随着社会的开化，肉食禁令逐渐放开，在饮食界率先出现了美名为"红叶""牡丹"的火锅料理。这些光看名字根本让人搞不明白的菜式，实际食材分别是在日本有猎食传统的鹿肉和野猪肉。随着社会开放和国家提倡，牛肉渐渐成为肉食类的消费主力，牛肉火锅也应运而生，这便是"有汤"寿喜烧的雏形，确切名称为"牛锅"。这种寿喜烧在日本关东地区尤其盛行，被称为"关东风寿喜烧"。

"没有汤"的寿喜烧锅

而"无汤"寿喜烧又是怎么回事？日本民间很早就有一种叫"锄烧"的料理，顾名思义，真的是在锄头上烧烤的。起先，锄烧的食材是鱼，如1803年出版的《素人庖丁出编》里，详细描写了用锄头烤幼鲕（鲕）的场景。后来，锄头上的食材出现了鸭肉、雁肉，甚至鲸鱼肉也有。人们也不再用锄头，而用薄铁锅作为工具。由于明治年间国家鼓励食用牛肉，牛肉最终成为锄烧的主要食材。牛肉锄烧事先不放入酱汁，暖锅后直接将食材放入锅里煎煮，这复古锄烧的料理方式，与"牛锅"的做法并不相同。锄烧在日本关西地区比较流行，所以被称为"关西风寿喜烧"。

锄烧

寿喜烧的食材

无论是"关东风"还是"关西风"的寿喜烧，现代主流的食材均是高级牛肉薄片、大葱、茼蒿、豆腐、魔芋丝等。做法上，"关东风"的火锅汤汁由出汁、酱油、糖与味醂等混合做成，一般由店家呈上汤锅后由客人自助涮肉；"关西风"则事先不放入汤汁，而是在煎烤牛肉中再加入酱油、糖和料理酒调味。与"关东风"相比，客人并不能轻易掌握"关西风"的调理技术。因此，"关西风"寿喜烧一般是由店里服务员负责料理的。

无论是"关东风"还是"关西风"的寿喜烧，到最后阶段都将出锅食材蘸生鸡蛋食用。之所以要蘸生鸡蛋，原因有二：一是出锅的牛肉很烫，蘸生鸡蛋可以降温；二是鸡蛋液的黏稠可以丰富牛肉的口感。同时，打鸡蛋也是有讲究的。据说要打九又二分之一下最能保持蛋液口感。为什么会有这二分之一下？也许是经验，也许是玄学吧。

在地域分布上，"关东风"和"关西风"的寿喜烧并不绝对。比如，日本各地的高级寿喜烧店大多为"关西风"，但"关东风"的寿喜烧因做法相对简单，汤汁可以事先调好，在市场推广上更方便，不仅在日本国内比"关西风"多见，在海外更是有"压倒性"的占有率。不少外国食客自豪地说，在家乡就吃过寿喜烧，但大多是"有汤"的"关东风"寿喜烧，包括笔者在内。一旦在日本旅行时吃到了"关西风"寿喜烧店，食客们无外乎会觉得新奇和奇怪了。

和果子的风雅颂

——日式甜点里的小世界

去日本购物时，很多女孩子最喜欢流连于大型商场的地下一层，这一层中最显眼的位置往往会留给点心铺子，也就是"果子铺"。传统的日式点心也就是大家所知道的"和果子"，西式的面包、蛋糕则称为"洋果子"。浸淫在美轮美奂的果子世界里，每个人的内心都变得柔软、梦幻起来了。

"果子"这一称谓古来就有，最初时指的就是树木的果实或水果，在没有食物加工技术的远古时代，甘甜的果物被视为上天的恩赐。为了保存这份美好的滋味，古代日本人将果物晒干粉碎后保存，在食用时做成圆形的食物。随着农耕时代的到来，出现了用大米制作的米糕（日文称为"饼"）。日本自古有崇尚稻米的传统，因而米糕被当作是神的食物，成为隆重节日里重要的祭品和食品。此后，唐果子和宋朝茶席点心的传入，令日本点心制作技术有了明显进步。而随着人们从发芽的米、常春藤之中提炼出麦芽糖和甘葛，和果子才算具备了雏形。到了江户时代，随着砂糖的引入和制糖技术的普及，和果子最终名正言顺地成为甜品，迎来了蓬勃发展的时代。

熟悉和果子的朋友可能听说过"生果子"和"干果子"的说法，这是按照含水量来划分和果子的方法。含水量在 30% 以上的称为"生果子"，含水量在 10% 以下的称为"干果子"，介于两者之间的称为"半生果子"。每类果子又根据制作工艺分成5~6个小类。日本人在将食物做得精深的道路上一向不遗余力。

简单来说，生果子温润细腻，存放时间较短。有的时候我们兴冲冲地在日本买上几盒名店的生果子，想带给国内的朋友品尝，然而细看保质期才发现需在两日内食用，于是心如死灰。在最隆重的茶道中，生果子放在名为"缘高"的精美食盒中呈上，用来搭配浓茶，所以也称为"主果子"。常见的生果子有樱饼、草饼、团子、大福、羊羹等。干果子干沙轻盈，可以长期存放，在茶道中通常用来搭配薄茶，也称"总果子"。常见的干果子有落雁、金平糖、米果、麸烧煎饼等。

在惊叹于和果子的"美貌"之余，可能有人会好奇，它们到底是用什么做成的呢？

制作和果子的主要原料包括豆类、粉类和糖类。豆类主要用作馅料，最常用的是红小豆，其中京都丹波产的大纳言品种因其粒大、味纯而被视为上品。白小豆、芸豆、青豆也是经常在和果子里现身的豆类。粉类往往决定了和果子的结构和质感。粳米粉制成的果子口感柔韧，糯米粉制成的则口感细腻，面粉、豆粉、葛粉也各有千秋，会根据制作和果子的口感和形状需求添加。糖类主要包括未精炼的"含蜜糖"和经过精炼的"分蜜糖"，前者如奄美大岛的黑糖，后者如香川县和德岛县的和三盆糖。

除了豆类、粉类和糖类，和果子还常用到一些水果、坚果和其他原料。比如，柿子和栗子作为最早的果子一直流传至今，而核桃、桃、梨、蜜柑等也是和果子里的常客。和它们相比，寒天是江户时期才出现的一种特殊原料，是用石花菜海藻煮熟提纯并干燥后得到的植物明胶，有了它，羊羹才变成了我们现在所熟悉的样子。此外，山药、味噌等原料也会被加入和果子，用以增加黏性和风味。

制作和果子，除了一双巧手外，最重要的是配合时令节气与当季物产。如以樱饼赞颂春季盛开的樱花，以水羊羹为夏季带来一丝清凉，以栗金让人感受秋收之喜，元旦用镜饼供奉神灵保佑一年平安顺遂。

品尝和选购和果子，更为风雅的方法莫过于去拜访和果子专门店。除去我们熟知的虎屋、鹤屋吉信外，位于京都的川端道喜、植村义次、笹屋伊织、松屋常盘等百年老店都曾为天皇制作和果子，为出入皇宫方便而被授予过官衔。这些名店各有自己的镇店之宝，如虎屋的羊羹、川端道喜的粽子、植村义次的洲滨果子，这些名物都有取自诗歌或俳句的特有果铭，有时即便预约也很难买到。按照行规，名物和果子各家可以模仿，但绝不能雷同，因此和果子有着难以穷尽的可能性。

所以，下一次去日本旅行，何不选几款心仪的和果子？

悠长的飨宴

——怀石料理的起承转合

怀石料理似乎是个谜。朋友们从争论怀石料理到底能不能吃饱，到争论怀石料理到底有几个菜，必须有哪几个菜，对怀石料理的好奇从未停止。对一般日本料理，你当然可以只以味道论短长。对于怀石料理琳琅满目的菜式，你很难忽略菜式的构成和变化，在这样的起承转合中，对日本料理意涵的理解也深入起来。

怀石料理讲究菜式应季、荤素搭配、视觉感受及用餐体验，无论从食材、烹饪、摆盘、食器、用餐场所以及蕴含的文化底蕴，都集中了日本料理之精华。

地道的怀石料理，主要运用生（切）、煮、蒸、烤、炸等烹饪方式，以数道至十几道菜做成套餐。从最早的"一汁三菜"（汤品、刺身、煮物、烤物），到后来加入炸物、蒸物、醋物、酒肴等菜式，因场合不同，又有很多菜式变化。所以，日料爱好者经常为"怀石料理""会席料理""京料理"这样菜式相似的名词而困惑，这并非毫无缘由。化繁为简，我们就从怀石料理的原点——茶怀石来看怀石料理的菜式吧。

茶怀石是服务于茶事的料理，被认为是集日本料理之大成的料理形式，其仪式、规矩和菜式都有一整套的规范。一般来说，如果不是参加茶事等重大、传统

煮碗

的活动，食客难有机会接触茶怀石。不过，如果你对茶怀石有一定的了解，就会对一般怀石、会席、京料理等的理解有很大的帮助。

在茶怀石中，首先出场的是饭、汁、向付（饭、汁、向付）。"饭"即白米饭，也有可能是红豆饭、紫薯饭等时令饭，在整套料理的一开始就"吃饭"，是茶怀石的显著特征之一；"汁"一般是味噌汁，便是"一汁三菜"的汁；"向付"主流是用当季的鱼贝刺身，也有可能是拌菜，是"一汁三菜"的第一道菜。饭、汁、向付的悠然开篇引领食客进入茶怀石的意境。

接下来是煮碗（日料中常写作"椀"），"煮碗"又称"碗盛""御碗"，是"一汁三菜"的第二道菜。

如果记忆力不差，你会发现刚才已经喝过一轮"汁"了，怎么又来了？不同于开篇的味噌汁，御碗的汤头是用昆布、鲣鱼片（有的料理店用金枪鱼片）熬出的日式高汤，再加入时令鱼、贝、肉或蔬菜，以漆器碗呈上。高汤优劣决定了一家日料店的味觉基调，在拥有开放式厨房的日料店里，你可以看到主厨在制作一份御碗前会端起小碟轻抿一口，那就是在感受高汤的深浅。此外，是否勾芡，用何种方式勾芡，也完全取决于料理人对食材的理解力和掌控力，这些对厨艺都是很大的考验。

一汁三菜中的第三道菜是烤物（烧物），即应季的烧烤料理，大多为烤鱼，夏天多见盐烤，寒冷的季节则多见味噌烤等酱烤。

接下来的一道菜被称为预钵（預け鉢），在一些流派中又被称为"强肴""進肴"，是用完"一汁三菜"后追加的下酒菜。这道菜的形式不拘一格，比较多见的是炖菜（炊き合わせ）的形式，即用二番高汤炖煮小块的鱼、贝、蔬菜或豆腐等，但也可能是醋拌菜、炸物的形式。

连续几道大菜之后，味蕾有些疲惫，这时吸物的适时出现让料理的节奏稍加舒缓。吸物是用来清口的汤，一般略有酸味，客人应一口喝完。

吸物之后，伶俐的八寸现身了。

所谓"八寸"，是指在八寸见方（不到 25 厘米）的盛器里，摆放数品易入口小菜，用作下酒。小菜的食材全部为山珍海味，料理方法有烤、拌、煮、炸、腌渍等。

　　有的朋友可能会讶异八寸君怎么"迟到"了，自己以前吃过的料理中，八寸分明早早地出场了。这是因为在不同场合，八寸的出菜顺序可能大为不同。在会席料理里，八寸靠前出菜，但用于茶怀石时，八寸一定是靠后出菜。因为茶怀石在品尝八寸时，主宾之间有固定的被称为"千鳥の盃"的"交杯"饮酒礼仪，而八寸就是为了烘托、推动主客间这段饮酒互动而存在的料理。

京都名店 Hana 吉兆的八寸

此外，茶怀石的八寸菜品量少，一般只有两三品小菜，摆盘有严格规定，而其他怀石场合的八寸小菜品数更为丰富，摆盘华美，让人目不暇接。总之，八寸是一套料理中代表季节性、精致感、食材和烹调多样性的菜肴，值得仔细品味鉴赏。

转眼间，料理已到尾声，汤子和腌菜（湯と香の物）默默奉上。"汤"即热水，"汤子"指用热水熬煮过的"锅巴"，"香物"为腌菜。汤子和腌菜是主宾都饮完酒后呈上的料理，食汤子，意喻将所有米都吃完；

和果子和茶

食香物，是给食客口中留下清口的香味，茶怀石的整个流程即将结束。

最后，再用些和果子（甘味）吧！和果子即日式点心，以生果子佐以浓茶或以干果子佐以薄茶。茶香与果子的甘甜相得益彰，给食客带来愉悦的感受，一次茶怀石料理便告一段落。

虽然茶怀石典型的菜式组成是这样，但依照提供料理的料亭、餐厅、场合等的不同，一些细节会有变化。而一般的怀石料理、会席料理、京料理的变化更大，依据季节、餐厅、地域和料理人的不同，呈现出更加繁复的组合。比如在一般的怀石料理中，首先出场的一般是菜量不大的前菜，可以放在小钵中，主要起到唤醒味蕾的作用。也可能是上文提到的"八寸"，这与茶怀石一开始便呈上饭、汁、向付的做法不同。随后，在常见的怀石料理中，会间或呈现烤物、炸物乃至锅物，炖菜和醋拌菜也是常客，每家店的做法搭配各有特色，顺序也会不同，看似与"死板"的茶怀石并不一样，但仔细观察的话，这些菜式、菜名几乎都源于茶怀石。除了饭、汁最后出菜外，上菜的顺序也和茶怀石差别不大；食材和用料则比茶怀石更丰盛，食客的礼仪和就餐程序也比茶怀石轻松，其中的亮点和渊源还是留给大家自己去体会了。

入乡随乡，边走边吃

——古灵精怪的乡土料理

对于日本料理，也许大多数食客津津乐道的是寿司、寿喜烧、天妇罗、拉面……可是，这些其实只是日本料理百科中的九牛一毛。

2007 年，日本农林水产省开展了一次"农山渔村乡土料理百选活动"，自全日本的都道府县提名的候选料理中，选出了 99 道各地代表性的乡土料理、23

"成吉思汗"烤肉

道推荐给外乡人的人气料理。其中，有广为人知的蒲烧鳗鱼（静冈县）、烤牛舌（宫城县）、大阪烧（大阪府）等，还有一些几乎不被外乡人知道，单听名字毫无头绪的菜式，比如太平燕（熊本县）、下野家例（栃木县）及牡丹锅（兵库县）。这些料理不仅使用当地食材，以当地独特的方式料理，而且不少只在特定时节供应，让人充满期待。乡土料理如浩瀚烟海，我们本文中只选取有特色的几种料理来作介绍。

听过"成吉思汗烤肉"（ジンギスカン）的人想问的第一个问题一定是：烤肉和成吉思汗到底是什么关系？答案是没什么关系。这种以羊肉为主要食材的烤肉料理非常具有人气，发源于北海道，在全日本都很受欢迎。如果去北海道旅行，请您务必品尝。比较出名的店铺有札幌的"だるま本店"和旭川的"大黑屋"。

去北海道还可以吃什么？炉端烧！炉端烧（ろばたやき），这种听起来就很温暖的渔夫料理真的是在炉端烧出来的。料理人在店里搭建巨大的方形敞口式火炉，然后烧烤新鲜的食材（海鲜为主）。炉端烧源自于宫城县仙台市，但出名于北海道钏路。

在一些比较有气氛的料理店，每当做好一种料理后，料理人会大声喊出菜的名字，然后用船桨等工具递给客人，非常热情，深受好热闹的顾客喜爱。钏路的"炉ばた"被认为炉端烧的元祖店，与其他热闹的店相比，该店料理人是一位寡言年长的女性，那种安心做料理的感动情景只有亲自入店才能体会。

炉端烧的创世店 "炉ばた"

　　一顿吃 50 碗面是什么样的感受呢？在岩手县盛冈市，吃 50 碗面只是一个成年男子的生活日常。并不是因为当地人食量惊人，而是因为他们的荞麦面是盛在很小的小碗中呈上的，每碗只有一口面，这种乡土料理被称为 "一碗荞麦面"（わんこそば）。

　　吃面时，食客边上会有一个勤劳且有 "眼力见" 的服务员，当食客一口吃完碗里的面后，服务员会以非常快的速度再为食客碗里添面。受过训练的服务员添面速度惊人，食客来不及说 "不" 面就已经添在碗里了，食客只能吃下，整个就餐过程就像食客和服务员的 "战斗"，非常激烈。每年在岩手县会举办 "一碗荞麦面" 比赛，最高纪录保持者吃下了 645 碗，相当于 9 千克多的面！当地吃 "一碗荞麦面" 比较出名的店是 "東家"。

　　接下来，我们来到大城市仙台。在中国人心中，日本东北最大的城市仙台，

仙台的牛舌料理

过去也许代表鲁迅，现在有可能代表"三年签"；在日本人眼里，说到仙台，可能很多人想到的是伊达政宗、七夕祭和牛舌料理。

牛舌是仙台的"城市名片"之一，尤其烤牛舌（牛タン焼き），在日本国内无出其右。仙台遍布烤牛舌店，那里的烤牛舌普遍采取厚切，口感有嚼劲且多汁，香气逼人，深受食客欢迎。

仙台为何流行烤牛舌？据说是"二战"后美军占领日本时大量消费牛肉，但大大咧咧的美国人并不稀罕料理牛舌和牛尾，在物资大量缺乏的情况下，仙台人"自作聪明"地料理起美国人"不要"的牛舌。然而，仙台牛舌协会否认这个说法，他们坚持仙台牛舌是当地料理人佐野启四郎从西洋料理中的牛舌浓汤上获取灵感而创造出的料理。无论如何，如今烤牛舌已成为远近闻名的仙台甚至宫城县代表料理。仙台本地比较出名的牛舌料理店有"阁""旨味太助"和"利久"等。

很多人都爱吃鳗鱼饭，然而鳗鱼饭也有很多吃法。在爱知县，充满智慧的当地人发明了鳗鱼饭三吃（ひつまぶし）。客人用餐时，将鳗鱼饭分成四份，第一份普通吃；第二份加入海苔、山葵拌饭吃；第三份浇上出汁，配上腌菜，吃"茶泡饭"；第四份请按照前三份中自己最喜爱的方式吃。但现在客人在用餐时大多只分三份，不再分第四份。这种吃法由名古屋的鳗鱼老店蓬莱轩首创。

下野家例（しもつかれ）作为一个料理的名字，让人完全摸不着头脑。这种来自栃木县的乡土料理，是北关东流行的家庭食品。以咸鲑鱼头、蔬菜、大豆、酒粕等制成的下野家例，味道并不是所有人都能接受，不喜欢的人甚至称之为"猫的呕吐物"，但其富含营养，日本人有"吃了七家的下野家例就不会生病"的说法。

如果你以为只有我国云南出品昆虫料理，那就错了。在日本长野县大町市附近，佃煮昆虫（いなごの佃煮）也会"气定神闲"地出现在当地菜单上。在长野县高原地区，人们用酱油、砂糖为主要调料，蝗虫等昆虫为食材做成料理。于是，吃饭也成了需要一点勇气才能完成的事情。

还有哪些令人意想不到的乡土料理呢？我们在书末的附录中会有更详细的名录。总之，在日本的山海之间入乡随俗、边走边吃就好，每一种料理都有它存在的理由，与其挑剔它，不如感受和包容它。

第三章
寻鲜旬鲜

中国人讲"不时不食"，日本人说"食鲜最高"。日本料理之"鲜"，在于追求食材的原味。鱼虾之清鲜，肉类之醇腴，菜蔬之素雅，都令人神往。坐拥如此美好的原材料，怎能不让人鲜掉眉毛？

"老板，来两盘三文鱼刺身！"

——喜爱三文鱼到底是不是恶趣味？

记得日本料理刚刚进入国内时，一种叫"三文鱼"的鱼不知道俘虏多少粉丝。它既能做刺身，又能做寿司，几乎是中国境内日本料理店的招牌菜式。

然而，著名美食家蔡澜先生发表了一篇文章，提出了"正统日本料理店不会有三文鱼刺身"的观点①，这个观点被网友添油加醋，变成了"日本人不吃三文鱼刺身"。于是，如日中天的三文鱼一下子又成了廉价鱼，一些"讲究"的食客每到一家日料店，都会看看有无三文鱼，有的话，便会说该店不"正宗"。不过，也有科普文章指出，日本人当然吃三文鱼，网上网下争论纷纷，真相究竟如何？那还得从"什么是三文鱼"说起。

三文鱼，是英语"salmon"的音译，源于拉丁语"salmo"。从严格的科学分类看，"salmo"指的是鲑科鱼鳟属鱼，但"salmon"却可以泛指鲑科鱼，包括太平洋鲑、大西洋鲑等。鲑科鱼是常见的洄游鱼，其野生鱼种广泛分布于北

---

①《蔡澜谈日本——日本料理》，山东画报出版社，2009年出版。

大西洋、太平洋及欧洲、北美的海域和湖泊内，自古便为当地人所食用，但鲑科鱼在全世界的"走红"只是近 30 年的事。

作为日本料理食材的鲑科鱼有很多种。其中，大西洋鲑、银鲑和虹鳟是世界三大养殖鲑鱼品种。

"salmo"的语源便是大西洋鲑。20 世纪 80 年代，挪威将养殖并出口大西洋鲑鱼作为国家重要产业加以扶持，把日本作为重点市场加以攻坚。挪威的出口商运用航空物流，以最快的速度将冰鲜大西洋鲑鱼送往日本，被夸张地称为"上午刚在渔港卸货，下午便上飞机去日本"。大西洋鲑鱼富含油脂，味道温顺，其主攻平价料理店的策略很快打开日本市场，并渐渐风靡全世界。大西洋鲑被引入中国后也获得成功，华语世界将其音译为"三文鱼"。所以，我们所说的"三文鱼"，最早只是指大西洋鲑。

狭义的"三文鱼"在日本料理种"火"了后，市场对鲑鱼的需求不断增大。"生意可不能让挪威人都做了"，不仅智利、澳大利亚等国也加入养殖大西洋鲑鱼的浪潮，越来越多的国家加大开发养殖和捕捞鲑科鱼的力度，持续向日本输出鲑科鱼，银鲑就是其中之一。日本市场上的银鲑多为从智利进口的养殖鱼，在日本太平洋侧也有养殖。

虹鳟原是生活在北美的野生鱼，如今人工培育种占绝大多数。人工培育种又被称为鲑鳟，在养殖鲑鱼中产量最大，价格便宜，主要养殖国有智利、挪威。日

高级日本料理的鲑鱼料理

本国内也开发出虹鳟的若干亚种，如群马县的"银光"，长野的"信州サーモン"，爱知县的"絹姫サーモン"及栃木县的"八潮鳟"等。

　　除了这几种海外进口和养殖为主的鲑鱼外，日本也有多种野生鲑鱼。比如姬鳟，原先自然生存于北海道的阿寒湖和网走水域，后被引入到北海道其他湖泊及本州岛中禅寺湖、十和田湖，是非常高级的鲑鱼。而樱鳟也是比较知名的日本原产鲑鱼，每年春天樱花盛开时，樱鳟进入时令期，鱼腹略有粉橘色，肉质滋润，富含油脂，是鲑鱼中的高级鱼。此外，桦太鳟、红鲑、秋鲑、鳟之介也是日本出产的野生鲑鱼品种。

　　日本原产的樱鳟、秋鲑等鲑鱼种很早便被运用于日本料理，主要的调理方法有烤、腌渍等。富山县的乡土料理鳟寿司（ますずし）已有数百年历史，其食材便是樱鳟；烤时令鲑鱼配山椒芽（木の芽）是日本料理中的一道经典菜，在高级日本料理店运用的例子俯首皆是。

生食天然三文鱼面临着寄生虫风险，这些寄生虫主要是海兽胃线虫（异尖线虫）和日本海头条裂虫等。寄生虫风险并非三文鱼独有，日本人较早便有避险措施。对于寄生在鱼体内的海兽胃线虫，足够时间的冷冻后可基本消除食用风险，北海道的原住民阿依努族很早便有冷冻后再生食鲑鱼的意识。但在日本那些气候并不怎么寒冷，缺乏"天然冰箱"条件的地方，人们制作三文鱼主要还是采用熟食料理，罕见将三文鱼作为刺身或寿司料供应。

然而，冷冻冷藏技术及人工养殖技术的进步，彻底改变了日本人基本不生食三文鱼的现状。养殖的降海性三文鱼可控制鱼的饲料，寄生虫风险更低，不必冷冻，可以冰鲜供应，这便是挪威产养殖大西洋鲑可以通过冰鲜空运方式打入日本市场的安全基础。

不过，养殖三文鱼因养殖地可能的污染问题，存在重金属超标等其他安全风险，但对生食与否影响不大。尽管总体安全风险并不比其他鱼生高多少，生吃三文鱼的菜式在传统江户前寿司店、高级日本料理店并不常见，多出现在平价料理店。

一个原因是，非日本原产三文鱼是日本料理的"新"食材，而日本本身又是渔业大国，渔获选择面宽，料理人既没习惯又没必要使用进口三文鱼入菜。

另一个原因是，"天然要冷冻，养殖可冰鲜"的三文鱼供应规律使日本原产三文鱼无法入一些坚持天然食材或冰鲜食材的"顽固"厨师的法眼（比如小野二郎）。

不过，也不是所有高级料理店都不生食三文鱼。在一些不那么"顽固"的师傅手里，高级日本产鲑鱼作为寿司料还真不少，尤其在日本高级国产鲑鱼品种多且产量高的北海道，当地的高级寿司店会经常用本地高级鲑入菜。作者就曾亲眼目睹札幌的著名寿司店善寿司（米其林二星）用鳟之介入菜，我的朋友在札幌寿司田边（前米其林三星）也尝过樱鳟寿司。最难忘的经历是在东京的龙吟（米其林三星），亲尝了山本征治做的樱鳟刺身。

日本料理中，对一种食材从偏见到追捧的例子并不少见，对三文鱼一概而论也是过于仓促的论断。如果食客对三文鱼有了一定的了解，不会连品种都不问就马上噘起嘴巴或条件反射地说该店不正宗。对于料理者来说，也应该会用、善用三文鱼做菜，而不是一味的"抵制不用"或用廉价品种圈钱，说不定哪一天，三文鱼也会像金枪鱼那样大翻身。未来如何，谁又会知道呢？

善寿司（米其林二星）的鳟之介寿司

金枪鱼到底贵不贵

——金枪鱼秘史

提到日料中的金枪鱼，大家的第一印象似乎是：这个鱼有点贵呀。在国内的日料店用餐，金枪鱼大腩的价位总是让人心神不宁。去日本的高级寿司店用餐，店家有时候有会充满自信地提醒你，这个 2 万日元的套餐里，有来自青森大间的野生蓝鳍金枪鱼！所以，大家不免会想，到底金枪鱼贵在哪里？什么因素会影响金枪鱼的价格呢？

也许你会说，我在超市里买的金枪鱼罐头貌似价格不贵啊，这是为什么呢？那是因为金枪鱼其实并不是一种鱼，而是八种鱼的统称。其中，可以称为蓝鳍金枪鱼（黑金枪鱼）的有三种：太平洋蓝鳍金枪鱼、大西洋蓝鳍金枪鱼和南方蓝鳍金枪鱼。另外五种金枪鱼是黄鳍金枪鱼、大眼金枪鱼、长鳍金枪鱼、长腰金枪鱼、黑鳍金枪鱼。用来制作金枪鱼罐头的一般是长鳍金枪鱼、黄鳍金枪鱼等，而我们通常认为很贵的那个是蓝鳍金枪鱼。

在国内的寿司店，我们可以吃到的蓝鳍金枪鱼主要是来自长崎的养殖金枪鱼，也有数量不多的来自西班牙等地的大西洋野生蓝鳍金枪鱼，而来自日本近海的太平洋野生蓝鳍金枪鱼比较少见。

那么，在日本就可以随心所欲地吃野生蓝鳍金枪鱼了吗？也并非如此。由于野生蓝鳍金枪鱼资源不足，养殖金枪鱼事业在各国如火如荼地发展，即使在日本国内的一般餐厅，吃到养殖金枪鱼的可能性也非常大。毕竟，与品质好的野生金枪鱼相比，养殖金枪鱼的价格和蔼可亲很多。当然，高级寿司店依然会竭尽所能，拿到应季的野生金枪鱼渔获，取得优质渔获的能力本身也是衡量寿司店优劣的重要标准。

可是，有些吃过野生金枪鱼的朋友私下"吐槽"说，野生金枪鱼味道不过尔尔啊，并没有传说中那么惊艳呢。

其实，野生金枪鱼的个体品质差异很大，而个人口味也一向都是见仁见智。养殖金枪鱼脂肪厚重、肉质柔软，对于喜爱高油脂和柔软食物的人来说，反而比

青森大间金枪鱼大腩寿司

野生金枪鱼更易受到喜爱。而野生金枪鱼的酸味和鲜味比养殖金枪鱼要鲜明，鱼肉中油脂的含量偏低，肉质偏紧实。小野二郎常说，日本近海野生蓝鳍金枪鱼味道中带有可以在鼻腔中游走的香气和淡淡回甘，但谁知道他是吃了多少野生蓝鳍金枪鱼之后才这样说的呢？不能将野生蓝鳍金枪鱼当作日常食物的我们只能默默摊手。

　　开篇提到了日本大间的金枪鱼备受推崇，很多日料爱好者常说要在冬季吃上大间金枪鱼，认为在这个时令，这个产地，是金枪鱼味道最美好的组合。然而，金枪鱼其实是一种洄游性鱼类，并非整年都赖在大间。实际上，从北海道到冲绳都有野生蓝鳍金枪鱼的足迹。那么，在其他时间、地点捕捞的金枪鱼味道怎么样呢？

　　一般来说，在每年春夏季节，日本近海的野生蓝鳍金枪鱼南下，在温暖海域产卵。它们会在每年4—7月到冲绳和我国台湾地区的东侧海域产卵，或者在6—8月游到日本海西部的鸟取、岛根附近产卵。

　　幼鱼在成长过程中会沿日本列岛两侧一路北上，追逐鱿鱼、鲭鱼、沙丁鱼等食物，在秋冬季节到达青森、北海道附近，然后一路南下。期间，它们所经过的长崎壹岐、和歌山胜浦、静冈烧津、宫崎盐釜、鸟取境港、新潟佐渡，都有跃跃欲试的蓝鳍金枪鱼捕捞队伍在等待它们，这些地方也成了捕捞金枪鱼的重要渔港。

　　从夏季到冬季，青森和北海道的很多渔场都在捕捞蓝鳍金枪鱼。这些渔场虽然大多分布在津轻海峡这样一个寒暖流交汇、养料丰富的海峡，但不同渔港的海水温度不同，可以成为金枪鱼食物的海洋生物种类也有差异，金枪鱼捕捞方式也不尽相同，所以金枪鱼的品质亦有高低之分。

大间金枪鱼多采用一本钓的方式，鱼本身的品质、捕捞方式、处理方式都很好，是秋冬季节金枪鱼的逸品。与大间隔海相望的北海道一侧的户井也是著名的金枪鱼产地，由于用延绳钓的方式捕捞，处理金枪鱼速度很快，夏季金枪鱼的品质更胜一筹。此外，位于津轻海峡西端的松前、喷火湾金枪鱼也是很多人推崇的，同样采取一本钓的方式，品质甚佳。

所以，大间金枪鱼虽好，也不用过于迷信。根据时令和产地，多尝试一些不同的金枪鱼，不仅会对金枪鱼有更多新的感悟，也可能会寻觅到一些更高性价比的选择。

日本最大的冰鲜金枪鱼渔港和歌山胜浦的黄鳍金枪鱼

黄鲹，黑鲹，岛鲹

——竹荚鱼的世界你要懂

如果问日本的家庭主妇或料理店的厨师，抑或是喜爱日料的食客，"哪些鱼是平时最经常吃、最熟悉的"？我想，竹荚鱼应是其中之一。作为日本列岛近海沿岸的常见渔获，竹荚鱼从刺身到一夜干，从烤、炸到入汁，几乎无所不能。曾有厨师说过，一个日本家庭主妇可以将竹荚鱼的各种做法凑满一周的菜谱，绝不重样。

竹荚鱼寿司，拍摄于东京寿司金坂

　　日本产的竹荚鱼，正式名称为"日本竹荚鱼"，日语汉字写作"真鯵"（"鯵"同"鰺"），但在菜单上一般就写作鯵，或者假名あじ。日本竹荚鱼一年四季在市场都能见到，时令期为夏季。夏季的竹荚鱼油脂丰厚，做成寿司料时味道鲜甜但温和，让人叫绝。竹荚鱼在日语里之所以读作"aji（あじ）"，其语源就是来自"好吃（味がいい）"一词，似乎是对竹荚鱼美味赤裸裸的证言。

　　吃竹荚鱼的时候，如何能让自己看起来专业一些呢？你可能需要考虑三个问题：种类、渔法和品牌。

　　日本竹荚鱼有两种生活形态，一种具有洄游习性，体表则为黑色，体型细长，叫作黑鯵，产量巨大。另一种基本不洄游，生活在浅海海域，体表带有黄色，腹部偏白，体型较短较圆润，被称为黄鯵。与黑鯵相比，黄鯵的产量低，但油脂含量高，在这个"油脂就是王道"的时代，批发商与买家在挑选竹荚鱼时，首先看的便是颜色。

　　不过，颜色并不是绝对标准。因为竹荚鱼体型不大，鱼身非常容易受到损伤，因此捕获方法也在一定程度上左右了竹荚鱼的品质，甚至好的捕获方法可以逆转"出身"的劣势。

　　捕捉竹荚鱼的常见方法有围网、定置网和海钓。海钓，特别是"一本钓"，对鱼身损害较小，尤其是配合过硬的"活缔"技术，捕获的鱼品质将有保证。

"関鰺"，拍摄于札幌善寿司

　　例如，大分县佐贺关出产的"関鰺"（关竹荚鱼）在市场非常出名，但论品种的话，佐贺关的竹荚鱼和长崎对马海峡产的竹荚鱼一样，均为黑鰺。但就是由于当地渔民渔法高明，坚持海钓，处理鱼的手法也十分老练，使得"関鰺"在全日本范围内得到肯定。当然，坚持不用"関鰺"，偏爱小田原和富津等江户前竹荚鱼产地的"老顽固"小野二郎除外。

　　对于水产来说，产地相当重要，好产地代表的天时地利人和，是水产的品质保证。竹荚鱼不仅讲究产地，更讲究品牌。曾有业内人士认为，虽然日本人对农产、海产的产地和品牌保护屡见不鲜，而竹荚鱼是开先河者。

　　竹荚鱼的品牌战略始于淡路岛竹荚鱼。20 世纪 70 年代，兵库县南部淡路岛的松荣丸水产以"一本钓"方式捕捉当地的黄鰺，并以卡车运送的方式，确保最快时间内将鱼送至筑地市场，使得"松栄丸の黄アジ"的品牌一炮打响。随后，各地掀起了竹荚鱼的品牌化浪潮。

　　岛根县浜田的"どんちっちあじ"主打"脂肪至上"的牌。这个品牌的竹荚

鱼要测定脂肪含量后才能出货，一般竹荚鱼的脂肪含量在 3%~7%，而盛夏的浜田鳝脂肪可达 10% 以上，"入口即化"的感觉非常强烈。

　　大分县的"関鳝"同样是竹荚鱼中的精英。"関鳝"的渔场位于大分县和爱媛县间的丰后水道。丰后水道水流快，养分非常丰富，洄游至此的黑鳝品质很高。又因为上文提到的海钓渔法和佐贺关渔夫的高超技艺，使作为黑鳝的"関鳝"得以扬名立万。有意思的是，位于丰后水道对面爱媛县的渔民也没有闲着，他们也捕捞水道内的黑鳝，并赋予自己的品牌化名称"岬鳝"，所以在丰后水道里生活的黑鳝大概无法预测到自己最后被打上哪个品牌的 logo，这完全是看大自然和渔夫心情的随机事件。

関鳝，拍摄于寿司札幌田边

　　此外，还有鹿儿岛的"出水竹荚鱼"、爱媛的"奥地鲹"、宫崎的"滩鲹"及山口的"濑付鲹"等。在日本这样一个有意思的国家，凡是特意贴标的，大多都是好货，至少贴标者是这样告诉自己的。

　　了解了竹荚鱼的来龙去脉，接下来要看看怎么吃了。在日本料理里，竹荚鱼最早的做法是做成鱼干，大约在 20 世纪 60 年代，来自竹荚鱼的主要产地之一，神奈川县的乡土料理"小あじのたたき"（微烤小竹荚鱼）在东京流行，使生食竹荚鱼成为潮流。用这种做法，鱼的鲜味和酱油、姜味很搭，即使在今天，还是让人一尝就停不下来。

小あじのたたき

和其他亮皮鱼一样，更为传统的竹荚鱼料理是用醋渍的方式做成寿司料或生鱼片。如果要考验一个江户前师傅的技艺，醋渍竹荚鱼的技能是重要指标。不过，随着物流和保鲜业越来越发达，竹荚鱼的鲜度有了保障。厨师和食客发现，似乎未经醋渍的竹荚鱼的味道会更好。因此，现在竹荚鱼生吃已成潮流，而同样为亮皮鱼，生吃口味不佳的鲭鱼和小鳍还是以醋渍居多（小鳍必须醋渍）。如果看到店里的厨师还是用醋渍竹荚鱼，要么就是师傅当年就是这样教他的，他改不过来了；要么就是鱼的鲜度有问题，还是渍一下才好吧。

在国内的日本料理店里，你还可能遇到一种叫"大竹荚鱼"的食材，如果望文生义地认为它是体型较大的竹荚鱼，那么你就输了。

大竹荚鱼的正式名称为"岛鲹"或"缟鲹"，和竹荚鱼并不是同一种鱼，只是长些有些相似。早先，野生"岛鲹"多在竹荚鱼的鱼群中被发现，但肉质与竹荚鱼很不相同，非常独特。"岛鲹"既有白肉鱼的高雅，又有银身鱼的鲜味。

"黄鲹""黑鲹""岛鲹"你到底想吃哪一种呢？

此比目鱼，非彼比目鱼
——"鲆"和"鲽"的找不同游戏

"鲆"和"鲽"是什么？

其实看到这两位的全身照时，你就会发现，咦，这不就是传说中的比目鱼吗？是的，它们都是比目鱼家族的小动物，身体扁平，双目长在身体同一侧。在比目鱼家族中，双目长在身体左侧且尾部明显的比目鱼通常称为"鲆"。鲆属于鲽形目牙鲆科，日文称"平目"，中文称"牙鲆"。而对应的双目长在身体右侧的则通常称为"鲽"，鲽属于鲽形目鲽科。

除了鲆和鲽以外，还有一大拨比目鱼尾部并不明显，其中双目长在身体左侧的称为舌鳎，双目长在身体右侧的称为鳎。如果你对日本的鲆和鲽不熟的话，想想中餐中我们经常碰面的多宝鱼——它就属于鲆类，而龙利鱼则属于舌鳎类，这样就亲切很多了吧？

虽然鲆和鲽是同族兄弟，但还是有很多不同。我们仅以日本的鲆与鲽为例：除了眼睛方向上的差异，鲆通常嘴巴比较大，牙齿锋利，捕食能力更强；相比之下，鲽有着樱桃小口，喜欢藏匿在沙中伏击猎物。

可是作为一个吃货，你可能并不关心鲆和鲽哪个"颜值"和"武功"更高，只是想知道它们哪个更好吃，哪个更珍贵。好吧，你们会如愿的……

鲆在日本的分布很广泛，从北到南的广大区域内都有它们的身影，主要栖息在青森、北海道、福岛、茨城等地。在日本本州地区，鲆的时令是秋冬季节。而在北海道，从秋至初夏，鲆都很美味。冬季的鲆鱼因为要准备产卵，食欲旺盛，活跃度高，肉质中脂肪含量升高，白色的鱼肉中略带浅琥珀色，味道更加腴美，被称为"寒鲆"。

在日本，"活跃"在餐桌上的鲽有多种：真子鲽、石鲽、松皮鲽、星鲽、目板鲽、乌鲽、油鲽等。如果单说"鲽"，指的是真子鲽。在这几种鲽中，比较贵重的品种是星鲽、真子鲽和松皮鲽。

在比目鱼类当中，星鲽的旨味强烈，口感鲜明。从江户时代起，星鲽就是江户前寿司的代表性鱼类，现在在东京也非常有人气。作为顶级寿司食材，星鲽极受鱼市场和料理人的重视。

真子鲽在日本分布很广，在关东的常磐和东京湾、关西的濑户内海捕获的真子鲽都备受珍视。大分县日出町的"城下鲽"是最著名的品种。自江户时代开始，城下鲽就是武士进献给将军的贡品。

小野二郎认为，相比东京人过分追捧的星鲽，真子鲽其实美味独蕴，应该给予更高的评价。真子鲽的鱼肉鲜度可以比星鲽保持得更久，鱼肉也更为紧实、爽脆，有种男性化的感觉。

松皮鲽产于若狭湾、茨城县以北海域，自古就是北海道、东北地区的高级比目鱼，在当地甚至比鲆更受推崇，也是鲽中翘楚。

相比高大上的同类，乌鲽和油鲽价格低廉，多以冷冻方式流通，是回转寿司店的常客，有时候用来冒充高贵的牙鲆君——反正都是素白通透的白身鱼肉，不明就里的人并不能分清其中差别。所以，同样是食用鲽鱼寿司，既可以是阳春白雪，又可以大众家常，还是要问清品种才好。

在食用鲆与鲽寿司的时候，你可能会发现有些老饕会点一种叫做"缘侧"的部位。"缘侧肉"有一道道鲜明的横向纹理，和比目鱼身体中心部分的鱼肉纹理迥然不同。

Tips

缘侧

比目鱼平时很少运动，运动的时候也并非是全身肌肉大幅度运动，而是主要靠鱼鳍附近的一排特殊肌肉呈波浪状起伏来推动鱼前行，这些肌肉就是缘侧肉，有时我们也称之为"鳍边肉"。"缘侧"一词本来是建筑学用语，指环绕在日式房屋外围的走廊。充满想象力的日本渔夫于是就用这个词来指代比目鱼的鳍边肉。

作为一条不怎么动的鱼身上经常动的肌肉，缘侧肉富含胶原蛋白，有嚼劲，风味十足。同时，缘侧肉的脂肪含量颇高。比目鱼主要身体部分的鱼肉脂肪含量只有 1%~2%，而缘侧肉可以达到 15%~30%。

因为一条比目鱼身上的缘侧肉只有四条，所以显得尤为珍贵。如果去寿司店用餐时遇到美好的鲆与鲽，不妨像熟客那样，很老到地点两贯缘侧寿司吧！

比目鱼缘侧寿司

鰤鱼、间八、平政

——水产界的明星家族

在日本旧历中，十二月被称为"师走"月，关于这个名称的来历众说纷纭。一种说法是年末要拜访老师争相奔走；另一种说法是，年末大户人家请法师举行佛事，师傅应接不暇，忙于奔走。

有一种鱼恰恰在这个季节最为美味，便被日本人称为"鰤"（鰤）。鰤鱼自古便被日本人了解并作为食材，如上文所提过的，寿喜烧的原型锄烧，最早的食材就是鰤鱼。在日本人的生活中，从节庆到日常生活，从刺身、烤到煮，鰤鱼在日本人的餐桌上经常出现，鰤鱼涮涮锅及鰤鱼煮萝卜是全日本都非常熟悉的家常菜。

不过，在日本，单单说到鰤，可能指的是三种鱼，分别是鰤鱼、间八、平政，在一些菜单上可能被统称为鰤。接下来，让我们一起来细说吧。

鰤鱼是寒冷季节的无上美味，标准和名为"ブリ"（buri），鰤科鰤属鱼。鰤鱼是典型的"出世鱼"，不同成长阶段的名称也不同，再加上关东、关西地区不同的称呼，叫法非常丰富，非常容易搞混。

每年初春，鰤鱼在东海产卵，出生的鱼苗随着洋流开始往北洄游；到夏季时被称为幼鰤（关东称イナダ、inada，关西称ハマチ、hamachi），是寿司店的时令寿司料。如果在夏天去江户前寿司店，能拿出幼鰤的店一定是很有实力的。

两年以下的鰤鱼只是短距离洄游，在第三年长成成鱼才开始长距离洄游。每年秋季，鱼群北上至北海道，此时在北海道捕获的鰤鱼被称为"天上鰤"。基本上，通过"天上鰤"可以一窥本季鰤鱼的品质。

冬季，鰤鱼群自日本北海道南下产卵，共分两路：一路从太平洋沿岸南下；另一路沿着日本海沿岸，越过佐渡岛、富山湾和能登半岛往东海洄游。第二路所经过的日本海，秋冬季气候恶劣、波涛汹涌，经常有巨大的雷鸣和闪电，受到惊吓的鰤鱼会吃下足够食物，然后不再进食，潜至深海洄游。

经过与波浪搏斗的这路鰤鱼肉质紧实，同时为了抵御寒冷，鱼身上积累了相当多的脂肪。与第一路南下的鰤鱼相比，第二路鰤鱼的品质更高，此时的鰤鱼被称作"寒鰤鱼"。用"寒鰤鱼"做成的鱼生是日本寒冷季节的超级明星鱼生，其腹肉堪比金枪鱼大腩。

"寒鰤鱼"又以富山冰见市沿岸捕获的"冰见鰤"最为高贵。冰见市在能登半岛东南方向，鰤鱼洄游距离最长，脂肪和肉质较其他"寒鰤鱼"更好，但只在每年 11~12 月间有几次集中在冰见外海出现。每当发现鱼群，冰见渔民便利用延续了数百年的传统定置网捕捉鰤鱼，然后立即送回渔港处理。由于定置网是一种接近"守株待兔"的渔法，捕获效率并不高，"冰见鲕"产量很有限，堪称"质优价更高"。

作为如此重要的经济鱼种，鲕鱼很早就实现了人工养殖，主要养殖地有鹿儿岛县、爱媛县、大分县、长崎县、香川县和熊本县。市场上，养殖鲕鱼占大多数，甚至到了年轻厨师不熟悉天然鲕鱼味道的地步。养殖鲕鱼拥有肥肥的腩肉，而野生鲕鱼却有甘甜和海水的味道。如果您去日本旅行，在寒冷的季节里于料理店看到天然鲕，千万不要错过。

很多日料爱好者常因分不清鲕鱼和平政而苦恼，其实不必如此，因为即便是专业厨师很难分辨它们。平政，学名黄尾鲕，鲹科鲕属鱼，顾名思义，其鱼尾为黄色。但不要以为可以凭这个特征就可以分辨平政和鲕鱼，因为鲕鱼的尾部也多少有些黄色。比较有效的区分方法是看鱼的上颚骨后侧，平政较为圆滑，鲕鱼则有显著的折角。不过这似乎是渔夫和鱼商该关心的事，我们普通人还是默默吃肉就好了。

左图为平政，右图为鲕，请注意观察上颚骨的变化

野生平政是鰤鱼的伙伴，在捕捞野生鰤鱼的时候可能会有所收获，但渔获量却少很多，是钓手心中可遇不可求的"战利品"。与鰤鱼不同，平政的产季在夏季。与脂肪含量很高的寒鰤相比，平政的鱼肉脂肪含量也不低，却更加清爽，是厨师追捧的食材。平政也有野生，但产量远不及鰤鱼，市场上较为多见的是九州的养殖鱼。即使如此，于我而言，如果看到店里有平政供应，一定会毫不犹豫地点一份来尝尝。

间八是温暖水域的"大家伙"。和傻傻分不清的鰤鱼和平政不同，虽然它也是鲹科鰤属鱼，间八较易区分。间八生活在南方的温暖海域，很少洄游至北方的寒冷地带。从上往下看，八字形的黑纹从鱼的头部一直到背部，故名"间八"。与鰤鱼和平政比，市场上流通的间八普遍较大，一般都在 10 千克以上，体长超过 1 米，野生、养殖均有，其中养殖的脂肪更为浓厚。论味道，间八并不比鰤鱼更出色，但因产量少于鰤鱼（多于平政），给人以物以稀为贵的印象，食客到料理店看到间八，往往会立刻选择间八。

西瓜味，还是青瓜味

——自带体香的神奇香鱼

夏季去日本，在很多料理店都会见到盐烤香鱼。一尾娇小的香鱼，是一首令人心心念念的日本夏季风物诗。

日本人钓香鱼和食香鱼的历史颇久。日本最早的诗集《万叶集》中就收录了有关垂钓香鱼的诗作。在日本著名的古典小说《源氏物语》中也提到，侍女们三五成群地共祝"齿固"。"齿固"意即寿命巩固。日本古时，正月初一至初三，共食镜饼、猪肉、鹿肉、咸香鱼、萝卜等物，谓之"祝齿固"。由此可见，香鱼是彼时节日料理中的重要食材。

京都附近的两条河流鸭川与桂川都盛产香鱼。桂川之源曾归皇室所有，从室町时期到江户时期，一直有专人从桂川运送香鱼到天皇居住的京都御所。近30千米的路程，一行人一路小跑，中途又要多次换水，以保证香鱼鲜活。

为什么连天皇都这么喜爱香鱼呢？刚钓上来的香鱼有着清雅宜人的香气，这种香气被日本人描述为"西瓜味"或"青瓜味"。作为一种鱼，不但没有可怕的腥臭味，反而自带幽香，显得特别高雅。

以前很多人认为，香鱼之所以有香味是成鱼期食用藻类的缘故。后来研究发现，即使在食用动物性浮游生物的幼鱼期，香鱼身上的香味也是存在的，甚至在鱼卵中也含有多种挥发性物质。所以，香味是香鱼体内的不饱和脂肪酸在酶的作用下自行产生的，而非后天食补之功。然而，香鱼的香气会受生存环境的影响，如果水质不好，香味也会受损。只有在水质极佳的河川才能捕获香味宜人的香鱼。

香鱼惹人怜爱的另一个原因是它生命短暂——只有一年时间，因此也被称为"年鱼"。作为一种洄游性鱼类，香鱼每年秋季在河流中下游产卵，幼鱼入海越冬，春季再逆流而上，回到河流中上游，秋季再顺流而下，在产卵之后结束短暂一生。作为一种美好而命运跌宕的鱼，香鱼在不同生命阶段有不同的名字，是一种"出世鱼"。香鱼在日语中的汉字写法是"鮎"（鮎），幼鱼称为"若鮎"，成鱼称为"鮎"，产卵期称为"落鮎"。

关于吃香鱼，日本著名美食家北大路鲁山人有很多心得。比如，他认为香鱼按大小来说，以一寸五分到四五寸大小为宜，其中以两寸到两寸五分左右的小香鱼为最上，过大则香气不足，味道平庸。虽然抱子香鱼也深受日本人喜爱，鲁山人却认为香鱼抱子之后，不仅香气尽失，肉也粗俗了，简直不能与"少女时代"的香鱼同日而语。从部位上来说，他认为香鱼最好吃的部位是脊背上部至头部富含脂肪的部分及其下的内脏，脂肪与内脏兼而有之的部分，才是绝味。

日本的盐烤香鱼配蓼汁

　　日本为了保护香鱼资源，每年 11 月到第二年 5 月为香鱼的禁渔期。随着 6 月开禁，香鱼也迎来了最肥美的季节。香鱼有很多种吃法，如天妇罗稚香鱼、炖带子香鱼、香鱼炊饭等等。香鱼也可以生吃，常以背越（背ごし，香鱼去头、内脏后，连肉带骨垂直切薄片）的方式呈现，想想那鲜甜的西瓜味吧……

　　不过，日本人最喜爱的还是盐烤香鱼，一道香气四溢的盐烤香鱼是日本夏季的旬鲜美味。盐烤香鱼的烤制过程也是极唯美的，香鱼被穿成波浪形的"踊串"，薄如羽翼的鱼鳍与灵动的鱼尾在炭火的作用下轻轻翘起，仿佛生命的节奏依然在孱弱而优雅地延续。盐烤香鱼的妙处在于，鱼肉之清鲜、盐烤之焦香与香鱼内脏之苦之间的味道平衡。食用盐烤香鱼最宜搭配蓼汁，既以其清香与辛辣提升香鱼的味道，又不会过于喧宾夺主。

　　如果没机会吃到好的香鱼，怎么办？不要紧，日本夏季还有一种叫"若鲇"的和果子，以烤好的蛋糕皮包裹着以白玉粉、砂糖、麦芽糖调制而成的馅料"求肥"，最后用烙铁在蛋糕皮上画出香鱼的样子。虽然它看起来并不是很像香鱼，但仍不失为"精神胜利法"的成功案例。

你吃的到底是哪种鳗

——鳗家族的家族手记

从星鳗寿司、海鳗土瓶蒸到鳗鱼饭，鳗料理总是让人心情愉悦，让餐桌熠熠生辉。可是你是否发现，这些被称作"鳗"的小动物们其实有好几种：他们长得有些相似，又不太相同；各个味道鲜美，又有细微的差别。

日本人经常食用的鳗鱼其实有三种：河鳗、星鳗、灰海鳗。星鳗和灰海鳗都属于生活在海洋里的鳗类，提到"海鳗"一般指的是灰海鳗，也有人指星鳗。为了避免混淆，我们接下来还是称作"星鳗"和"灰海鳗"好了。

河鳗，也叫日本鳗，日语叫做"鳗"（UNAGI）。作为鳗鲡目鳗鲡科的小动物，河鳗的长相温顺呆萌，出生在海洋里，回到河流里度过一生，然后回到海洋产卵死去。

在日本，野生鳗鱼的捕捞从四月开始，来自霞浦、利根川、东京湾等地的鳗鱼相继登场，到秋季，以捕捞来太平洋产卵的鳗鱼作为收尾。由于过度捕捞，目前野生河鳗已经岌岌可危，成为"国际自然保护联盟濒危物种红色名录"中的"濒危（EN）"级生物。日本的鳗鱼料理店常使用养殖河鳗来制作料理。鹿儿岛县、

爱知县、宫崎县的养殖河鳗产量颇丰。

相比养殖河鳗，野生河鳗刺小、肉质紧实且味道腴润，别有风味。河鳗主要用来做蒲烧鳗鱼、白烧鳗鱼等，一碗香气四溢、酱汁鲜亮的鳗鱼饭是日本人难以割舍的心头好。

星鳗，也叫星康吉鳗，日语叫做"穴子"（ANAGO）。为什么叫穴子呢？因为它喜欢在海底挖个洞"宅"着。星鳗是鳗鲡目康吉鳗科的成员，所以它和河鳗有些相似处，比如温顺呆萌的长相。但从味道和质感上来讲，河鳗更鲜嫩肥美，星鳗更香糯细腻。星鳗煮熟之后可以直接食用或用来做寿司，还是天妇罗的重要食材。星鳗也可以用来做鳗鱼饭，但不如河鳗常见。

灰海鳗日语叫做"鱧"（HAMO），是鳗鲡目海鳗科的小动物。它的外形牙尖嘴利，十分凶猛，肉中藏有"Y"形小刺，很难去除。于是，日本料理人会用一种很重的断骨刀来斩断小刺，号称"一寸二十四切"，是极考验功力的料理法。

在京都，将刀切后的灰海鳗以水余烫后，鱼肉收缩而呈现出花团一样的美好形状，佐以梅子与醋，称为"鱧汤引"，是京都夏季的风物诗。此外，灰海鳗还可以用于刺身或用烤、炖、煮等方法的料理。在秋季，点一壶松茸灰海鳗土瓶蒸，清鲜的汤头和悠远的味道同样令人难忘。

不同地区的人对于食鳗这件事也有不同的偏好。日本传统上有"关东鳗关西鳢"的说法，意思是关东人不能没有河鳗，关西人不能没有灰海鳗。关东地区河湖众多，自古盛产河鳗。关西的美食中心——京都身居内陆，远离海洋。在古代保鲜技术不发达的情况下，只有生命力顽强的灰海鳗经过长途跋涉仍然可以安然无恙，成为餐桌上的隽品。虽然现代的保鲜和运输水平都已不同往昔，但食鳗的不同偏好仍延续至今。

蒲烧鳗鱼制作的鳗鱼饭

和鲷鱼的一百次邂逅
——日本人与鲷鱼的不解之缘

鲷鱼在日本古代非常受追捧。鲷鱼受追捧的表现包括：它会出现在很多重要的时间和地点，还会以非常诡异的方式被人们收藏。

比如，日本神话中有七福神，这七位中有六位是外国神，分别来自中国和印度，只有一位叫"惠比寿"的本土神。这位海上守护神的形象就是右手持钓竿、左手抱鲷鱼。作为神的吉祥物，鲷鱼的地位可想而知。

鲷鱼也是日本必不可少的贺岁鱼。除食用外，日本还有新年时将两只干鲷鱼对挂在房梁上的做法，也有盐烤之后在台前摆放三日的做法，称为"悬鲷"和"睨鲷"。相比吃一条新鲜美味的鲷鱼，传递吉祥如意的祝福似乎显得更为重要。

当然，有人可能会说，德川家康就是因为吃了这么吉祥的鱼做的天妇罗才死掉的，这实在是太有讽刺意味了。虽然这是关于德川家康死因的流行说法，但后来医史学者服部敏良博士找到了更多历史依据，认为德川家康是死于胃癌。可怜的鲷鱼天妇罗并不是罪魁祸首。

日本人对鲷鱼的痴迷还体现在鲷鱼"衍生品"上。在日本，有种东西叫做"鲷的九道具"，它包括鲷鱼的九块骨头，分别叫鲷中鲷、大龙、小龙、鲷石、三道具、锹形、竹马、鸣门骨、鲷之福玉。从江户时代起就有个传说，"集齐此九器，便无不如意"。吃一整条鲷鱼已经不便宜了，而鸣门骨、鲷之福玉也不是每只鲷鱼上都会有的，所以这个集齐九道具的游戏似乎要玩很久很久……

日本的鲷鱼种类其实很多，最常见的是真鲷、黄鲷、血鲷。一般单独提到"鲷"就特指真鲷。而日料中常见的甘鲷、金目鲷虽然也名为"鲷"，但和真鲷、黄鲷、血鲷并不是同一科的鱼类，长相和肉质也大不相同。

真鲷也叫赤鲷，因体色为红色而得名，因此也被认为是吉祥喜庆的象征。在日本，食用真鲷的时令为秋季至春季。于春季樱花盛开时捕获的真鲷被称为"樱鲷"或"花见鲷"，颜色如樱花般娇艳，肉质鲜美；夏季产卵后，真鲷味道比较差，被称为"麦秆鲷"，不是食用的好季节；秋季脂肪又开始丰美，被称为"红叶鲷"。

真鲷

提到真鲷，大家在高级日料店听到最多的可能还是"明石鲷"。"明石鲷"到底好在哪里呢？位于濑户内海的明石海峡水流湍急，真鲷在激流中游弋，肉质变得紧致且富于弹性，这里的小虾蟹资源也非常丰富，为真鲷提供了充足的养分，促成了"明石鲷"的绝佳品质。

有时候，在寿司店会见到一种叫做"春日子"的寿司料，这其实是鲷鱼的幼鱼，也叫春子鲷、春子、小鲷，通常是真鲷、血鲷、黄鲷的幼鱼，以血鲷幼鱼最为常见，因生于春季而得名。"春日子"常以昆布渍，质感柔嫩。因为其价廉味美，从江户时代起就成为寿司的重要食材。

因为被日本人宠爱数百年，鲷鱼料理方法也极为繁多。鲷饭和鲷面都是一直延续到今日的料理。作为必不可少的御节食材，日本新年时鲷鱼的常见做法是连头带尾整鱼盐烤，仪态优美，味道鲜香，有头有尾象征着一年的圆满顺意。

鲷鱼也是常见的刺身和寿司食材，常以昆布渍，以昆布的鲜味来提升白身鱼的旨味。鲷鱼的鱼皮颜色美好，鱼皮中的皮脂也可以提升鱼肉的风味，所以鲷鱼更常见的做法是"皮霜造"：以热水汆烫带皮鲷鱼，再放入冰水中，使鱼皮软化而富于弹性，鱼皮的美味得以释放。

此外，鲷鱼还可以做鲷鱼茶泡饭、鲷鱼涮涮锅、炸鲷鱼等，鲷鱼的特殊部位也可入菜，比如兜煮（鱼头料理）、鲷白子和真子料理（精巢和卵巢）等。在数百年的时间里，日本人已经将鲷鱼料理的各种可能性研究得无比透彻了。

东京青空寿司的春日子寿司

眼花缭乱中的脉络

——日本虾类徐徐说

相比放空自己、默默吃虾，去思考日本料理中虾类的脉络其实是件十分"烧脑"的事。甜虾、牡丹虾、斑节虾、草虾、樱花虾、白虾、伊势龙虾……虾的品类本已让人眼花缭乱，还有些长相高度相似的近亲们经常跳出来混淆视听，实在让人困惑。

在日本料理的水产中，虾类是物流冷藏业发达后才开始生食的。在此之前，虾都是加热后食用的，热食虾的代表便是江户前寿司的重要食材——斑节虾。

斑节虾的学名为日本对虾，我国台湾也称之为明虾，日语汉字写作"車海老"，是江户前高级虾的代名词。斑节虾不论在江户前寿司还是江户前天妇罗里，均是一道代表菜。在作为寿司料时，厨师会将活虾煮熟后迅速冷却，捏成寿司，鲜虾的甘甜和美丽的红色给食客美的享受。用来制作天妇罗时，绝大多数店会将斑节虾及虾头作为整个套餐的第一道菜。油炸的香气给予虾味更多的层次，这是天妇罗料理的经典。

斑节虾天妇罗

　　除此之外，日本一些地区还流行将斑节虾活杀活吃的吃法，这种吃法被称作"跳舞"。喜欢者称，这种吃法能感受到虾的本味。不过，在客人面前活杀活剥的过程可能会引起一些食客的不适，在卫生上也有一些问题。因此，讲究的高级食肆是不会有这种"跳舞"的吃法的。

　　日本市场上的斑节虾约有九成为养殖虾，传统的天然虾产地（如东京湾）产量逐步萎缩，价格高企。虽然在老饕眼中，斑节虾还是要吃天然虾，但养殖虾的风味并不比天然虾差太多，价格和货源稳定性也很有优势。

　　既然斑节虾集万千宠爱于一身，价格自然不会很低廉。所以，日本人自然会想，有没有斑节虾的近亲可以作为斑节虾的替补，以满足大家的口腹之欲呢？于是，足赤虾和草虾这两个接地气的兄弟便出现在了历史舞台。

斑节虾寿司

　　足赤虾，日语汉字写作"隈海老"；草虾，日语汉字写作"牛海老"。和斑节虾一样，它们都是对虾科虾种。足赤虾几乎没有养殖货流通，其天然虾产量很大，在日本西部尤其受欢迎。草虾对于中国食客而言是非常熟悉的，在沿海地区的菜市场上能够经常看到。草虾是对虾里的大个头，有的体长超过 30 厘米。草虾在日本的产量很少，大多依赖于从中国进口养殖草虾。足赤虾和草虾填补了斑节虾以下的中级和普通市场的需要，构建了与民同乐的和谐局面。

　　与以熟食为主的斑节虾不同，"牡丹虾"被称为"生食虾的王者"。作为刺身用虾，"牡丹虾"的甘甜和弹性让人一尝不忘。可是，令人困扰的是，市场上被称为"牡丹虾"的食材有多种，最常见的是富山虾、日本长额虾和斑点虾。这三种虾的供应形态多有不相同，档次和口味也相差不少。

　　富山虾生活在日本北方寒冷海域。虽然名为富山虾，但其主产地并不在富山湾。富山虾的主要产地在北海道，其突出的特征是虾头有白色斑纹。日本长额虾的产地也在北海道，产量比富山虾少，虾头没有明显的斑纹。

斑点虾

富山虾和日本长额虾在市场里多以活虾或冰鲜流通，价格昂贵。以冷冻方式流通且大多从北美进口的斑点虾，也被称为"牡丹虾"，其特征是虾头有横向的白色条纹，价格便宜，是回转寿司爱用的"牡丹虾"食材。

这里要说明的是，虾头没有明显条纹，却被当作"牡丹虾"使用的，也有可能是南美产的天使红虾。该虾和前文提到的三种"牡丹虾"分属不同的科，外形也有所差异，但价格更便宜，是"牡丹虾"的"替代品"。总之，如果你从纹理辨认出正在吃的是富山虾或是日本长额虾的话，请暗自窃喜。如果辨认出是斑点虾或是天使红虾，也请保持平常心。

甜虾也是食客非常熟悉的虾类食材，和"牡丹虾"同科同属，只是长得"迷你、简约"了许多。在市场上，甜虾主要指的是两种，一种是产于日本北海道及以北海域的北国赤虾，另一种是产地北大西洋的本北国赤虾（又名北极虾）。一直以来，日本出产的甜虾以冰鲜流通为主。业界认为，冰鲜甜虾比冷冻北极虾更高档更美味，尤其在甜味方面，是后者不能比的。不过，随着冷冻技术的发展，现在的冷冻虾解冻后也能较完整地保留食材的本味，且价格要便宜很多，对食客来说乃是幸事。

相比以上几种大品种的虾，大家接触樱花虾与白虾的机会可能会少一些，但它们却是产地限定的绝对美味。

樱花虾和白虾都是小型虾，樱花虾又称正樱虾，目前全世界规模性渔获只在日本静冈县的骏河湾和我国台湾东部海域。很长时间以来，樱花虾只是用来制作虾干，现可以冰鲜方式流通入菜，用作寿司料和天妇罗食材均可。其中，炸樱花虾天妇罗（桜えびのかき揚げ）是静冈县的乡土料理。

白虾也有很强的产地限定特色，虽然它在日本本州以南的多个海域都有存在，但最主要的产地在富山湾，是富山春夏季两大渔获之一（另一个为萤乌贼）。春夏季的白虾，经常作为寿司料使用，是从大馆子到小铺子皆爱使用的食材。所以，如果游历到骏河湾或是富山湾，请不要错过这些友好而美味的小虾哦。

最后，不能不提伊势龙虾。伊势龙虾威武霸气的外形和鲜美的味道，一直为日本人所钟爱。

虽然名字叫伊势龙虾，但实际产地并不局限于伊势所在的三重县，其主产地还有千叶县。市场中，伊势龙虾几乎均为天然活虾，被广泛用于多种料理，其高昂的价格和超级美味让食客一遇不忘。

日本毛蟹不是大闸蟹，雪蟹也不是鳕场蟹

——读懂蟹世界

在日本，吃蟹是件开心事，也是件容易让人犯晕的事。我们到底吃的是什么蟹呢？

在日本，被称为毛蟹的，并不是在中国被称为毛蟹的大闸蟹。较之大闸蟹的蟹螯裹着绒毛，日本毛蟹以蟹壳有毛扎扎的质感而得名。而雪蟹和鳕场蟹也绝不是同一种蟹，前者指的是腿脚细长的头矮蟹（也就是我们常说的松叶蟹），后者则指的是霸气魁梧的帝王蟹。

日本人喜爱食用的三大蟹便是鳕场蟹、头矮蟹和毛蟹。此外，日本人也食用花咲蟹、红蟹、油蟹、栗蟹、梭子蟹等。

毛蟹是三大蟹中体型最小的一种，蟹足也很短小，因为外壳布满短而密的刚毛而得名。日本人食用毛蟹的时间较短，在 1913 年前，毛蟹都是被用作肥料的。后来，人们终于发现了毛蟹的美味，它才走上日本人的餐桌。虽然在日本岛根县以北的日本海、茨城县以北的太平洋和北海道都可以捕获毛蟹，但北海道毛蟹更为有名。在中国的日料店，我们遇到的毛蟹大多来自朝鲜半岛。

头矮蟹外壳光洁，足细长，优雅气质十足，体型较大，双足展开可达 70 厘米。

除了"头矮蟹"这个标准汉字名称外，这种蟹还有很多个名字。熟悉日本料理的朋友可能会发现，当一种食材有很多个名字，往往说明它深受广大日本人民喜爱，"头矮蟹"便是如此。虽然我们经常将这种蟹称为"松叶蟹"，但严格来说，只有日本鸟取县、岛根县、兵库县出产的雄蟹才被称为"松叶蟹"，所以本文还是以"头矮蟹"称之。除了被称作"雪蟹""松叶蟹"以外，这种蟹还可以被称作蜘蛛蟹、越前蟹、香箱蟹、间人蟹、津和井蟹、加能蟹、楚蟹、津居山蟹……

不同地区、不同季节、不同性别的头矮蟹名字都可能不同，比如雄蟹被称为越前蟹、松叶蟹，雌蟹被称为香箱蟹、背子蟹。传统上，日本产头矮蟹以雄蟹为贵，雌蟹比雄蟹小很多。

头矮蟹有个近亲，叫做红蟹。它外形很像头矮蟹，但比头矮蟹的蟹壳颜色更红，生活在较深海域。因为味道不如头矮蟹，红蟹的价格低廉很多，是回转寿司店的"座上宾"。

鳕场蟹也就是我们常说的帝王蟹。"鳕场"其实是指垂钓鳕鱼的深海，在古代，这种蟹是在钓鳕鱼时捕获的副产品，并没有人专门捕捞鳕场蟹。到了现代，鳕场蟹受到人们的喜爱，成为餐桌上的娇宠。在日本岛根县以北到北海道海域可以捕捞到鳕场蟹，但日本食用的鳕场蟹更多为俄罗斯、美国等地进口的。

鳕场蟹的体型很大，足部展开可达 1 米。乍看鳕场蟹，你会觉得它长得和一般螃蟹不太一样。因为一般螃蟹是两螯、八足，而鳕场蟹看起来更像是两螯、六足。但是不要被表象迷惑，其实鳕场蟹还有一对蟹足很低调地隐匿在蟹壳内，只是从外面看不到而已。

貌似每种高级蟹都有几个平凡的亲戚。鳕场蟹也有个长相相近的亲戚，叫做油蟹。两者长相极为相似，但油蟹的价格却比鳕场蟹便宜不少，因此以油蟹冒充鳕场蟹的案例屡见不鲜。虽然油蟹的味道并不差，但是冒名顶替这种事总是让人心中不安。然而两者并非难以分辨，鳕场蟹壳正中的突起部位有 6 根突刺，而油蟹有 4 根突刺，明眼人一看便可犀利地辨出真伪。

日本海鲜市场上不同种类的蟹

这三种蟹吃起来有什么不同呢？毛蟹味道甜美，肉质略疏松。头矮蟹味道甘甜，有适度的纤维弹性。鳕场蟹主要食用蟹足，生食质感柔软，甜味淡泊；熟食味道鲜甜，纤维弹性较强。

那么，在日本吃一席全蟹宴，会吃到些什么呢？从鲜甜的蟹腿刺身、温暖的炭烤蟹、香脆的蟹腿天妇罗，到轻巧的蟹肉茶碗蒸、蟹丸汤、蟹肉寿司、蟹味噌，再到大快朵颐的蒸全蟹、蟹肉涮涮锅、蟹釜饭……关于蟹的世界，你可以穷尽想象吗？

蟹腿寿司

来自河海的一期一会

——不同季节吃什么河海鲜？

　　"不旬不食"是日本料理对食材及菜式的基本要求，日本的国土南北狭长，四季分明，黑潮（暖流）和亲潮（寒流）的经过，给日本带来了随四季更替而品种变化的河海鲜。很多因素可以决定水产的"旬"，比如产卵季、温度等。

　　产卵季是决定鱼类时令期的最大要素。产卵前的鱼为补充能量大量进食，鱼肉会更肥美一些，而产卵中及产卵后的鱼肉质就会差一些。不过，这只是大致规律，会根据鱼的种类和时空位置而不同，并且随着当前养殖业和物流的发展，"旬"的概念实际是有所降低的。然而，"旬"始终是人类了解自然变化的标识，在不同时令享用不同河海鲜，也是我们"日料之旅"的乐趣所在。

　　除了上文提到过的夏季的竹荚鱼、香鱼，秋冬季的金枪鱼、鰤鱼、牙鲆、河鲀和蟹，我们在不同时令还可以吃到些什么河海鲜呢？

　　春季，让我们拥抱樱鲷、大泷六线鱼、针鱼和初鲣吧！

　　樱鲷是春季菜单人气主角。"花中樱，鱼中鲷"。每年冬末，真鲷为了准备

产卵开始大量进食。到春季樱花盛开时，真鲷的油脂最为肥美，表皮颜色就如鲜艳樱粉，被称"樱鲷"，并以濑户内海，尤其兵库县明石和德岛县鸣门一带的天然鱼为上品。

樱鲷味道甘鲜，肉质富有弹性，可做成生鱼片、寿司料、鲷鱼饭。为保持这稍纵即逝的味道，日本市场上真鲷大多为活鱼宰杀。宰杀时，料理人会特意破坏鱼的神经，以延迟鱼身僵硬时间，这种被称为"活缔"的方法现已被用于处理多种白身鱼甚至银身鱼。

与真鲷相比，大泷六线鱼"颜值"一般，但名字令人印象深刻。大泷六线鱼生活在日本各地的浅海处，分布广泛，春季开始进入时令。它的鱼肉富有光泽，非常光滑，富含油脂却十分韧弹，味道极佳。由于好吃程度和香鱼一样，日本人便将大泷六线鱼取名为"鮎並"（鮎即指香鱼）。与樱鲷入夏后迅速没落不同，盛夏的大泷六线鱼味道也不错。当食客在夏季品尝大泷六线鱼时，不知是否会记起春天享用饕餮、观赏樱花的情景呢。

针鱼体态优美，身材细长，于春季大量上市，鱼肉上可以看到一条青色的线条。针鱼鱼肉有青背鱼的鲜味，余味却有点苦，非常具有魅力，是当季寿司店的主打。

虽然鲣鱼更为人所知的角色是作为鲣节（木鱼花）的原料撑起日式高汤的味

大泷六线鱼寿司

觉框架，但鲣鱼如果直接食用味道同样美好。随着洋流，鲣鱼在热带温带间洄游。每年春末夏初北上的鲣鱼称为"初鲣"，虽然比不上秋天南下的回归鲣鱼油脂肥美，但市场和食客却更偏爱"初鲣"，对"初鲣"的喜爱成为江户前的独特文化。鲣鱼容易腐败，在作为寿司料或刺身时鲜度尤其重要。

夏季，不要错过新子和沙丁。

新子指的是才出生的鳕鱼幼苗，作为寿司料时，新子必须用盐、醋腌渍，因为太小，须数条才能握一贯寿司。是否提供新子以及新子的处理水平，能体现寿司店的料理功力。

梅雨季的沙丁鱼口味最佳。沙丁鱼的保鲜极其困难，在冷藏技术不发达的时代，只在原产地才能提供生吃。即使在现在，别说隔夜，上午剖的沙丁鱼，如果保存不慎，到晚餐时就没法再使用了。

缟鲣（鲣鱼的一种）

秋冬季，秋刀鱼、鲭鱼、鳕鱼、北寄贝，一个都不能少！

秋刀鱼，顾名思义，秋天为时令，作为寿司料及刺身时讲究时令，作为烤鱼时则一年四季都会吃到。每年秋天，在北海道钏路的第一波秋刀鱼上市时，都会引起市场的关注。

鲭鱼俗称青花鱼，作为寿司料和刺身时多为醋渍，只有少数师傅会推荐不腌渍直接生吃，是煮鱼、烤鱼的常见食材。

鳕鱼肉生吃味道寡淡，更多时候用于火锅、炖煮以及制作成鱼干。鳕鱼内脏做法多样，几乎都能做成料理。比如，连同内脏一起煮的料理是东北山形、青森等地的乡土料理。鳕鱼精囊只在秋冬季上市，非常好吃。

北寄贝出产于日本东北、北海道等地区，大多以冰鲜流通，在冬季味道尤其浓郁，被称为北海道的"冬季味觉"之一。此外，北美等地也有北寄贝出产，但当地将贝捕捞后取出贝肉立即煮熟，冷冻后出口，价格非常便宜。为了与日本产的北寄贝区分开，北美的冷冻贝被称为"北极贝"，罗马读音为"kanadahokki"。北极贝是不会出现在高级料理店的。

所以，当你在日本的料理店邂逅了一众当季河海鲜，你可能会为时令食材的旨味倾心雀跃，也可能会为某些食材只有明年同一时间再会而感到忧伤。所谓料理，从来都不只是吃与被吃的关系，而是和食物有关的情绪。

新子寿司

沙丁鱼寿司

鲭鱼寿司

北寄贝寿司

A5 和牛一定比 A4 和牛好吃吗？

—— 一块和牛肉的身份解码

和牛是日本料理中让人无比迷恋的食物，大理石一样的霜降纹理和丰腴的口感，让人瞬间能量满格。在这一篇中，我们来说说和牛中的门道。

牛肉并非一直是日本人的心头好。从公元 675 年天武天皇颁布"肉食禁止令"到 1871 年明治天皇颁布"肉食解禁令"，在漫长的 1200 年中，日本人吃畜肉的机会非常少。所以，牛肉料理也是在肉食解禁之后才逐渐流行起来的。

"和牛"这个名字听起来似乎表明了这种牛有纯正的日本血统，然而从历史来看，它其实是个"混血儿"。在肉食禁食期间，牛主要用于农业耕作，极少有人关心牛肉好不好吃。到了明治维新之后，日本人开始对牛肉花起心思来。

虽然日本本土品种的牛体型较小，但肉质具有霜降的特点。日本人让本土品种的牛与外国牛"通婚"，培育了品质更优的日本原生食用牛，称为"和牛"。为了保证和牛血统的稳定性，现在和牛只限种内交配，不会与其他品种的牛杂交。目前，和牛有四个品种：黑毛和种、褐毛和种、日本短角种和无角和种，其中产量最大的是大家耳熟能详的黑毛和牛。

我们去日料店吃饭时，时常会发现店家注明自己的牛肉是"A5 和牛"。A5 和牛一定比 A4 的好吃吗？也不尽然。首先，牛肉等级是取一头牛第 6—7 根肋骨之间的切面来定级的，定级结果适用于这一头牛全身的肉。但一头牛有很多可以食用的部位，如果比较 A5 的牛里脊与 A4 的牛眼肉，你猜结果会怎么样？

其次，牛肉的分级标准都是基于对牛肉的观察，对味道指标并没有考量。所以，有可能一块"颜值"很高的牛肉入选了 A5，但是其风味可能并不完美，没那么好吃。

Tips

A5 和牛

日本牛肉的分级标准包括"步留等级"和"肉质等级"两个标准。步留等级是衡量牛肉产肉率的指标，分为 ABC 三级，以 A 级为上。肉质等级是衡量牛肉品质的指标，根据脂肪交杂度、肉的色泽、肉的紧致度、脂肪色泽与品质，将牛肉分为 5 个等级，以 5 级为上。所以，"A5 牛肉"的意思是步留等级为 A，肉质等级为 5 的牛肉，也就是在两个维度上均为上乘水平的牛肉。

对牛肉的审美本来就没有统一标准，所以不要盲目迷信分级，选择适合自己的就好。

很多朋友说到和牛，言必称"神户牛"。很有意思的是，神户牛其实并不产于神户，而是产在同于兵库县的但马。"但马牛"是和牛的一个品种，"神户牛"不是牛肉品种，而是一个牛肉品牌。所以，不存在天生的神户牛，只有但马牛生长到一定阶段，满足一定的血统、生产条件、宰杀条件、步留指标、肉质指标之后，才被称为"神户牛"。简单地说，以步留等级和肉质等级来看，神户牛要达到 A4、A5 的标准。

虽然神户牛的品质不错，但因为声名远播，价格也水涨船高。其实，日本的和牛品牌有数百种，除了声名在外的神户牛外，还包括松阪牛、近江牛、米泽牛、仙台牛、信州牛、近江牛、石垣牛、宫崎牛、佐贺牛等，其中也不乏佳品，只是由于品牌推广力度的差异，有些不为国人所知。不同品牌与产地的和牛肉质与风味会有所差异，日本一些牛肉料理店会提供不同产地和牛的拼盘，刚好可以让食客将一众和牛一网打尽，领略其中的细微差异。

和牛不同部位拼盘

 樱花肉、白子、茗荷，"这些都是什么鬼"？

——日本料理中的古怪食材和吃法

也许你在日本曾经听过"樱花锅""红叶锅""牡丹锅"的说法，不明就里的人或许以为日本人颇为风雅，有以花入馔的情趣。真相却令人大跌眼镜："樱花肉"指的是马肉，"红叶肉"指的是鹿肉，而"牡丹肉"则是野猪肉。

本来，在日本古代肉食禁食期间，民间就有食用鹿肉和野猪肉的习俗。而马和牛虽然作为农耕的畜力得到保护，但他们老迈"退役"之后，还是有机会被人类吃掉的。

在日本一些地方，食用马肉的历史长达 400 年之久，也一度成为人们获取蛋白质的主要方式。可是，毕竟这样直白地呼唤这些四足动物的名字还是和"肉食禁令"的主旋律不太相符，以"樱花""红叶""牡丹"称之似乎得体多了。

如果说以肉类做成的锅物还不难让人接受的话，那么马肉刺身就不是人人都乐于尝试的美味了。在日本食用马肉的第一大县熊本县，很多料理店都会提供马肉刺身，包括有肥肉、霜降、赤身等不同部位，食用时搭配山葵、葱、酱油等调味料。马肉刺身真的好吃吗？不如亲自在樱花季食"樱花肉"试试。

猪肉、牛肉、鸡肉看起来是十分常见的肉类，然而在日本，你会吃到很多匪夷所思的部位。如果你的日语没那么好，偶然钻进一家烧肉店或烧鸟店，拿起写得密密麻麻的菜单，发现上面布满奇奇怪怪的假名，很少有亲切的汉字，顿时整个人都不好了。

闭着眼睛随便点几个，结果很可能不是牛里脊、猪五花、鸡翅，而是牛气管软骨、主动脉和小牛胸腺，猪喉头肉、乳腺和食道，或是鸡骨盆肉、屁股和卵巢。一堂意想不到的生物课就这样生动地开始了。

其实，有烤好的肉吃已经是万幸了。在日本的一些料理店，鸡肝刺身、猪大肠刺身这样的生食内脏料理也是存在的，且拥趸者甚众。曾经尝试过的朋友表示"一人之佳肴，他人之毒药"，这种味道确实不是每个人都能消受的。

如果肉类已让你心烦意乱，我们还是移步鱼类的领域吧。也许你热爱海洋生物，对日本人大啖鲸肉和海豚肉的事情毫不感兴趣，但如果常在日本旅行，总有那么一次，会有朋友建议你点一份白子料理。

当这份洁白、柔软、细滑的食物滑入你口中的时候，布丁一样的口感和丰腴的味道是你从未感受到的。于是，好奇的你不免要问一句，这到底是什么呢？朋友会带着或是羞涩或是诡谲的表情告诉你：鱼的精巢……日本食用的白子主要是鳕鱼白子、鮟鱇鱼白子和河豚白子，也有少数高级料亭以乌贼白子入菜。白子可

以做酢物、汁物、锅物、烤物或是天妇罗，无论哪种，都是令人难忘的味觉体验。

如果觉得肉与海鲜的世界太过重口味，那么我们就说说特别的日本蔬菜吧。牛蒡是日本料理中很常见的一种食材，也是自古便在日本广为种植、食用的。牛蒡在中国常入药使用，日本人也认为牛蒡有利尿、消炎的功效。牛蒡的味道微甜且有药味，最初食用可能觉得并不好吃，久食便会感觉回味悠长。

在日本逛超市时，有时你会发现一种长得像小型玉兰花苞的蔬菜，名为茗荷，也叫蘘荷，是一种姜科植物的花蕾，在日本算是常见的食材，我国也有种植，但以药用为主。茗荷既有姜的辛辣感，又有洋葱的脆爽微甘，味道有点特别。

说到此处，可能你已经发现，在日本吃蔬菜，可能相当于在中国吃药膳。然而，还有更多诡异的日本蔬菜品种等你来发掘，比如水菜、刺嫩芽、山椒叶、行者蒜、鸵鸟蕨、笔头菜、滨防风、蜂斗菜、山独活、红叶笠、雪笹、山芹菜、虾夷立金花、金针花、鹿尾菜……

日本旭川的烤河豚白子

茗荷（中）入菜

 # 一个龙套的节操

——山葵和辣根的替班手记

吃寿司或刺身的时候，我们经常会遇到一个默默无闻却十分重要的"龙套"——"wasabi"，那辛辣的淡绿色物质味道如此鲜明独特。在它的点化下，海鲜的味道似乎又提升了一个维度。

有的人把"wasabi"称为青芥，然而，我们吃到的"wasabi"和芥末并没有一点关系。它的正确叫法是山葵，但很多时候，我们吃到的也并不是山葵，而是它的替代品——辣根。

先说说正牌山葵。山葵原产于日本，属于十字花科山葵属的植物，用来做山葵泥的是山葵的地下茎，颜色浅绿，外形有点像一只不太友好的狼牙棒。虽然早在公元 7 世纪日本便有关于山葵的记载，但山葵对生长环境很挑剔，喜欢阴冷的砂砾河床，种植并不容易。到了江户时代，随着寿司和荞麦面的普及，山葵作为调味料的作用日益突显，山葵种植也繁荣起来。

那么辣根又是什么呢？它是十字花科辣根属的植物。它颜色淡黄，外形有点像胡萝卜，也被称为"马萝卜"。辣根可以作为蔬菜使用，具有刺激性的香辣味道，可以作烧烤肉类的佐菜，也可作为仿制山葵调料的材料。山葵是淡绿色的，而辣根是淡黄色的，为了达到逼真的艺术效果，辣根扮演山葵时一般都添加了色素。

我们在中餐的芥末墩或是西餐的美式芥末酱、第戎芥末酱中吃到的黄芥末，其实是十字花科芸薹属的植物，和辣根、山葵都不是同一种东西，只是在提供辛辣感方面有类似的作用而已。

相对于辣根的白菜价，山葵无疑是昂贵的。因为种植条件苛刻，种植面积有限，日本山葵主要产自静冈县、长野县、东京、岛根县等地，日本还从美国、中国、新西兰等地进口山葵。即使在日本，也有很多餐厅提供辣根扮演的"wasabi"，而非真山葵。还有些餐厅使用山葵粉或冷冻山葵泥，虽然是山葵制品，却不如新鲜山葵的味道微妙丰富。国内有些高级日料店也会使用新鲜山葵，比如来自我国云南、台湾地区或日本静冈的山葵。

新鲜山葵的味道到底微妙在哪里呢？在高级寿司店，我们有时候会看到寿司师傅在用钉了鲨鱼皮的小木板现磨山葵。这并不只是为了风雅，鲨鱼皮纤细的鳞片可以活化山葵，使其中的酶更好地发挥作用。这样磨出的山葵味道柔和清新，并不像辣根和添加剂制造出的青芥那么辛辣刺激。在日本的一些山葵产地，还有直接用米饭搭配现磨山葵和现磨鲣节的做法，虽然配料和做法都很简单，但鲜味有加，回味无穷。

山葵的味道具有挥发性，十几分钟后便会削弱，因此只有现磨才能保证味道。在日料店用餐时，如果既没看到师傅现磨山葵，又发现山葵被放置很久依然辣味冲鼻，那么你吃到的很有可能是辣根制品。

关于山葵，还需要留意以下几点：不要把山葵泥丢进酱油里，以免败坏彼此的形象和味道。应该将山葵泥涂抹在食材一侧，再用另一侧蘸取酱油。在比较好的寿司店，绝大部分寿司不需要客人单独加山葵，寿司师傅会在捏寿司的时候直接放入，食客可以高枕无忧。

现磨山葵

第四章
舌尖上的日本味道

日料的温和、鲜美，既出自食材的原味，又得益于多种调味料勾勒出的味型，它来自海洋，也来自于谷物发酵。在时间的作用下，美味的基因在沉淀后升华，带来具有独特鲜感的日本味道。

"うま味"的 DNA

——日本人的鲜味哲学

在中国饮食中，我们经常会提到"鲜味"这个词，比如让人"鲜掉眉毛"的鱼汤、菌菇或是新笋。对我们而言，鲜味是一种撩拨心弦又难以名状的味道。在日本，鲜味受到了更多重视。日本人并不满足于描述鲜味那种让人掉光眉毛的销魂感受，还经过严谨的科学研究，总结出了日本料理中鲜味的基因。

同中国料理类似，日本料理也讲究"五味"，传统的"五味"包括甜味、酸味、苦味、咸味和辛味。

甜味指来自砂糖等的味道；酸味指来自醋酸、柠檬酸等的味道；苦味也叫涩味，指来自丹宁、儿茶素等的味道；咸味指由盐分产生的味道；辛味指辣椒、姜蒜、山葵等刺激口、鼻黏膜所带来的痛感和热感，严格来说并不是一种味道。"鲜味"是人们在相对较晚的时候认识并总结出的一种味道，日本人现在所说的"五味"，有时也指甜味、酸味、苦味、咸味和鲜味。在日语中，鲜味被称为"うま味（umami）"或"旨味"，是指谷氨酸、核苷酸等成分产生的味道。

这样说起来似乎比较抽象。其实，对鲜味的认识，在很多饮食文化中都长期存在。比如，东南亚和古罗马的鱼酱文化、东亚地区的谷酱文化，这些都是人们在生活实践中对鲜味的主动选择。然而，直到1908年，日本东京帝国大学的教授池田菊苗才将人们对鲜味的认识理论化起来。他发现昆布高汤的美味来自谷氨酸盐，这种味道不同于人们熟知的酸、甜、苦、咸，而是一种独立的味道，称之为"鲜味"。

池田教授单独提取了谷氨酸钠，并申请了专利。第二年，铃木兄弟公司开始商业化生产谷氨酸钠，称之为"味之素"，也就是我们所说的味精了。现在，由于味精在餐饮中的滥用，很多人提到它便嗤之以鼻，但在百年之前，可以想象这种将鲜味单独提出的方式，无疑在人们的味蕾上掀起轩然大波。

日式高汤的两种主要原料分别是昆布和鲣节（木鱼花）。既然有了对昆布高汤的理论化认识，接下来好奇心便指向了鲣节。1913年，池田教授的弟子小玉新太郎发现了鲣节中含有另一种鲜味物质：肌苷酸。由此看来，日本人将昆布和鲣节放在一起熬制高汤，作为日本味道的基础，并非是毫无根据的随意搭配，而是对鲜味物质的自然认知和选择。

那么，昆布和鲣节放在一起熬制高汤会比单一的昆布高汤更鲜美吗？1957年，"Yamasa酱油研究所"的国中明先生发现，谷氨酸盐与包括肌苷酸在内的核苷酸之间有协同效应。谷氨酸盐可以给食物带来鲜美的感觉，核苷酸本身的鲜味偏弱，但是能极大地增强谷氨酸盐的鲜味，当二者结合起来，会达到事半功倍的效果。国中明还发现，香菇中所含有的另一种核苷酸——鸟苷酸也会产生鲜味。

于是，人们开始明白，鲜味物质其实种类繁多，隐藏在生活中的各个角落。重新审视一下日本人熬制高汤的常用原料：昆布（富含谷氨酸）、鲣节（富含肌苷酸）、煮干（即小鱼干，富含肌苷酸）、干香菇（富含鸟苷酸）、干贝柱（富含琥珀酸）。这些可以带来不同鲜感的元素组合在一起，构成了日本料理的味觉基础。

日本料理的食材中，鱼贝类、菌类、蔬菜类、谷酱类也富含谷氨酸和核苷酸，这些食材与多种日式高汤的组合让"鲜"的层次更加丰富和立体起来。

鹿儿岛产鲣节

看不见的工作狂

——"霉菌"在日本料理中的丰功伟绩

日本料理给人的第一印象是山之味与海之味的料理，这其实多半来自我们对日本的新鲜食材的感觉，而细细品味日本料理又会觉得并不只是如此。食材本身固然鲜美独特，但难免单薄，而有了味噌、酱油、清酒、味醂、醋、日式高汤的调和，日本味道才得以以饱满的形式呈现。而味噌、酱油、清酒、味醂、醋、日式高汤的产生无一不依赖于"一位不知疲倦的工作狂"——霉菌的勤奋工作。

对于霉菌在酱油、酒、醋酿造中发挥的作用我们并不陌生，早在中国商代，酿酒用曲已经分类精细，有"曲""蘖"之分。然而，与中国自古以来使用多曲种酿造的方式不同，日本似乎更为钟情一个曲种：米曲霉。

聪慧的古代人民很早就掌握了用蒸熟的米饭久置产生的霉菌做曲的方法。出于对米曲霉的偏好，古代日本人燃烧山茶树嫩枝，将其草木灰放在米饭上，由于草木灰的碱性特质，其他霉菌的生长被抑制，而米曲霉得以蓬勃生长。

在自家后院随性地培养一些米曲霉，毕竟是听天由命、效率低下的行为，凡事还是要交给专业的人来做。于是，在800多年前，日本出现了专门出售种曲的店铺。

种曲店的经营者通过自己的观察和筛选，培育适合制作酒、酱油、醋、味噌的米曲霉，并在其中优选活性更好、生命力更强的菌种。目前，日本全国的种曲店一共只有十家，分布在东京、京都、大阪、福冈、鹿儿岛等地，他们提供的种曲供给全国几千家制作酱油、醋、酒、味噌的店铺。很难想象，这样一个非常寂寞的行业如何延续至今。更难以想象的是，身处地区性垄断行业，各个种曲店依然保持节操、锐意进取，以现代科学的研究方法筛选优良菌种，得以让日本味道的源头保持持续的活力。

那么，米曲霉在酱油、酒、醋、味噌的制作中到底做了些什么呢？简单地说，米曲霉的"超能力"是将谷物中的淀粉分解为糖类，将蛋白质分解为氨基酸。前者提供了甘美，后者贡献了鲜醇，于是酱油和味噌有了独特的鲜美韵味。而在酿酒和醋的过程中，糖类只是中间产物，为下一步酵母的发酵提供了营养源。

日本味道中的另一重要元素是日式高汤（出汁），它是以昆布和鲣节为主要原料制成的。这两者也并非新鲜海产，而是要经过霉菌分解、发酵、熟成之后才能使用的，在接下来的几篇中我们会分别介绍。

总之，在霉菌的默默耕耘下，谷酱类的芳醇得以绽放，酒醋类的馨香得以激扬，日式高汤平和内敛中有了永恒而别致的韵律。日本料理的味道就这样有了自己清晰的轮廓。时间造就，深远入魂。

来自北方的贵公子

——关于昆布的身世

提到日本料理，怎么能不提昆布这个不张扬却无处不在的重要角色？在本章第一篇中，我们提到了在日本料理中所说的"鲜味"是来自谷氨酸及核苷酸的味道，而昆布便是谷氨酸盐的天然提供者。日本人很早就发现昆布的奇妙味道，并将其引入料理之中。

昆布来自北方。日本昆布主要生长在北海道、青森县、岩手县、宫城县一带，其中北海道产量最多，占日本总产量的90%以上。古代京都贵族食用的昆布最初便是来自位于这一带的"陆奥国"的进贡。初时，只是将昆布切成小块火烤或者系成小结食用。到了室町时代，随着本膳料理的发展，以昆布和鲣节为主要原料的日式高汤才出现在历史舞台。

昆布是多年生藻类，一般有2~3年的寿命。在日本，一般会采收发育完全的两年生昆布，采收季节是夏秋时节，主要集中在7~9月。采收之后的昆布并不会马上食用，而是要堆放在阴凉的库房，湿度保持在60%~70%，历经1~2年时间，使昆布熟成。

咦，连昆布也要熟成呀？昆布熟成之后更加美味这件事，据说是在古代漫长的物资运输中偶然的发现。

当时，昆布在夏季从北海道收获，装船后一路向西南运输。因为路途遥远，入冬时抵达贺敦港休整。有一次，在贺敦港遇到大雪，昆布在港口仓库里放置了一冬。等到春天打开仓库时，发现昆布已经脱胎换骨，鲜味满仓。此后，人们就会刻意用仓库围堆（日语"蔵囲"）的方式，用席子将昆布缠绕，使昆布的海腥味和黏性消失，鲜味逐渐成熟。经过熟成的昆布会产生乳酸、甲酸、醋酸、富马酸、琥珀酸、焦谷氨酸等六种鲜味物质，味道醇厚而具有层次感。

日本人不仅追求来自海洋植物性食材的天然鲜味，更是通过霉菌和微生物的作用和时间的力量来进一步提升鲜味的质素，这在日本料理的很多食材和调味料上都有所体现。

如果在东京或北海道的海鲜市场漫步，经常会看到这样的昆布名称："真昆布""罗臼昆布""利尻昆布""日高昆布"。这几种来自北海道不同产地的昆布，品质优良，常用来制作高汤，但它们的特色各不相同。

真昆布是昆布中的高级品，主产地在以函馆为中心的北海道南部一带。真昆布肉质厚实、形状较宽，风味丰富而平衡，用其萃取出的高汤也味道甘美、高雅，适合烹煮突显高汤风味的清汤或各种汤品。

罗臼昆布是北海道罗臼出产的上等昆布，形状较宽，颜色偏茶褐色，味道浓郁甘甜，颜色偏黄。因为其肉质软薄，容易使高汤产生浑浊的现象，需要在制作高汤时精确地掌握捞出昆布的时间。

利尻昆布是在北海道利尻岛附近出产的昆布，质地偏硬，味道优雅细腻，略带咸味，可以萃取出颜色澄清、香气洋溢的高汤。

日高昆布也称三石昆布，是产自北海道日高沿岸一带的昆布。日高昆布质地柔软，形状细长，既可以用作炖煮材料，又可以作为家庭用高汤，用途十分广泛。

一般食客可能只会关注到以上提到的昆布大品类，而专业的日本料理店会更加细分地选择昆布产地。

比如，在利尻昆布的产地中，礼文岛的香深滨、船泊滨，利尻岛的沓形滨、仙法志滨被称为"名滨"，是更为有名的细分产地，而其中的香深滨被称为"别格滨"，是最为高级的利尻昆布产地。虽然大的地理环境相似，但水温、日照以及所在水域的微环境差异，还是会带来昆布风味的微妙差别，去感受和识别这些微妙差别并选择最适合自己料理风格的昆布，就是一个专业料理人的功课了。

除了用作高汤，昆布还有很多样貌和做法。比如，把昆布放到醋里浸泡变软，再将其表面削成丝状，就成了薯蓣昆布，而削成薄片的称为胧昆布，这些也都是日本市场里常见的昆布产品，用来点缀米饭、乌冬面或是做成饭团都很亲民。另外，从东京一带流行起来的平民美食佃煮也是以昆布为原料之一制作的。

读到这里，你是否想来碗昆布高汤配昆布饭团加佃煮呢？

东京筑地市场的各种昆布制品

从一条鲣鱼到一束木鱼花

——鲣节的漫长历险

在上一篇中，我们介绍了日式高汤二人组中的一位：昆布。本篇我们来说说它的好拍档：木鱼花。

木鱼花是比较通俗的叫法，日语称为"削节"，通常是指鲣鱼熏干之后制成的"鲣节"刨成的薄片。

虽然昆布和木鱼花被撮合在一起烹制日式高汤，是从室町时代（1336——1573）才开始的，但以鲣鱼熬煮汤汁的做法在《养老律令》（757）中已有提及。到了江户时代，盛产鲣鱼的纪州（今和歌山县）有一位叫甚太郎的渔夫想出以"熏干法"来处理富余的鲣鱼，这便是现代鲣节制法的雏形。目前，日本鲣节产量最大的是鹿儿岛县、静冈县。以枕崎、烧津等地为著名产地。

从一尾生动鲜活的鲣鱼，变成饱经沧桑、像木头一样坚硬的鲣节，这中间一定发生了什么不可思议的事。

用"熏干法"（又称"焙干法"）制作鲣节，包括切割、煮蒸、去刺、焙干、

修型、生霉与晾晒等步骤。根据去刺步骤的先后顺序不同，又分为"萨摩型"和"改良型"两种做法。

鲣鱼的大小也有讲究。大型鲣鱼制作的鲣节称为"本节"，通常会将一整条鱼剖成背肉、腹肉各两块。小型鲣鱼制作的鲣节称为"龟节"，一般会将一条鱼剖成背肉、腹肉各一块。

在这些制作步骤中，需要花费较多时间的是生霉与晾晒环节。如果要制作出上好的鲣节，需要反复生霉与晾晒 3~4 次，直到水分含量降至 15% 以下。这个

日本市场里的鲣节：一般来说，本节价格高于龟节；背节价格高于腹节

制作过程要持续半年左右。至此，一条魁伟的鲣鱼最终只剩原来重量的五六分之一，脂肪消减，鲜味浓缩。

你可能会说，耗时这么久，历经这么繁复的制作工艺，这样做出来的鲣节肯定价格不菲。可是，我们在日本经常可以看到卖得并不贵的木鱼花，难道其中另有隐情？

其实，我们刚才说的做法是最复杂的全套做法，并不是所有的鲣节都会走到最后一步。在焙干步骤结束后，鲣节就可以用来售卖和食用，这种鲣节称为"荒节"；在修型之后的鲣节称为"裸节"；此后，再经历生霉与晾晒环节的鲣节称为"枯节"；用优质鲣鱼、历经多次生霉和晾晒制成的鲣节称为"本枯节"，价格相对较高。所以，在日本购买鲣节或者木鱼花的时候，可以通过名称判断出它所经历的工艺步骤，对价格也会有相应的预期。

料理店在挑选鲣节的时候，不仅会关注鲣节的大小和制作工艺，还会关注鲣节的部位。用鲣鱼背肉和腹肉做出的鲣节分别被称为"背节（男节）""腹节（女节）"。

Tips

除了鲣节，还有什么"节"？

难道只有鲣鱼天赋异禀，能做成"节"吗？并不是。鲭鱼、金枪鱼、竹荚鱼、秋刀鱼、沙丁鱼、鲑鱼也可以按类似的工艺做成"节"。京都的400年料理老铺瓢亭就是用鲔节（金枪鱼）来制作最基础的日式高汤的，认为它比鲣节的酸味和涩味要少。

背节的脂肪比腹节少，容易削得薄而美，味道也清爽；腹节在削的时候容易成粉，但入汤味道浓厚。

　　相比新鲜的或是简单晒干的鱼贝类，鲣节呈现的是经过熏干、霉菌发酵、日晒等步骤带来的更加深邃复杂的鲜味。正因为如此，才成为日本味道的重要来源。

　　这种"深邃复杂的鲜味"正是我们在本章第一篇中所提到的肌苷酸。鲣节富含肌苷酸，虽然肌苷酸本身的鲜味很弱，但是能极大增强谷氨酸的鲜味。所以，当鲣节遇到富含谷氨酸的昆布时，鲜味得以放大。

　　除了作为日式高汤的重要原料，木鱼花还有很多喜闻乐见的吃法，比如木鱼花豆腐、大阪烧、木鱼花饭团等，均十分美味。

东京筑地市场的各种木鱼花制品

上削
,400/Kg

別製削
¥3,800/Kg
（本体価格）
かつお荒仕上節

血合抜
¥4,200/Kg
（本体価格）
まぐろ荒節血合抜

似酱？ 非酱？

——细说味噌

味噌是日本料理中很有特色的一种调味品。看日剧的时候，经常看到主人公喝下一碗味道醇美的味噌汤，整个表情都舒展开来，心灵瞬间有了回归故里的温暖。味噌就是这种既非常朴实动人，又非常具有地区特色的东西。

味噌到底是什么呢？有人说，它和中国的黄酱、韩国的大酱看起来是兄弟姐妹啊，为什么说是日本特色的呢？

味噌是以大豆为主要原料，经过不同的曲（也称"麹"，指谷物受曲霉感染发酵后的状态）发酵制作而成的。味噌、黄酱、大酱确有相似之处，但是在原料、制作工艺和熟成方式上也有细微差别。日本平安时代的文献《倭名类聚抄》中关于"未酱"的记载便是味噌的雏形，这种以谷物制作的酱类在相当长的时间里都是日本味道的重要缔造者。

你可能注意到，味噌有不同的颜色。既有颜色白皙的味噌，又有颜色深褐的味噌，不像中国黄酱和韩国大酱都只有深色的版本。为什么味噌的颜色差别会那么大呢？在米曲霉的分解作用下，氨基酸与葡萄糖产生美拉德反应，这是味噌颜

色的主要来源。味噌颜色的深浅与制作温度及熟成时间有关。

味噌按颜色分为"赤味噌""淡色味噌"和"白味噌"。通过蒸制大豆、长时间高温熟成，会制作出颜色较深的"赤味噌"，且盐分一般较高，便于保存；短时间高温熟成制成的赤味噌（如"江户甘味噌"），盐分低而味道甘美；通过煮制大豆、短时间熟成会制作出颜色较偏白的"白味噌"。颜色介于白、赤二者之间的是"淡色味噌"。随着熟成时间的延长，每种味噌的颜色都会变得越来越深。

笔者个人比较喜欢甜美的西京味噌。作为一种白味噌，它不仅可以成为西京烧的调味料，做成京都风的白味噌汤也别有风味。

提到味噌的时候，我们还会讲"甘口""辛口"。难道味噌有辛辣口味吗？并非如此。在这里"甘"是味道偏甜的，而"辛"是味道偏咸的，并不是偏辣。味噌按味道可以分为"甘味噌""甘口味噌""辛口味噌"。甘辛度的差别来自于曲和盐的不同比例。曲的比例高，则偏甘口；盐的比例高，则偏辛口。"甘味噌"比"甘口味噌"的盐分更低，而曲的比例更高。

日本不同地区有不同的甘辛度偏好，关东地区及气候较寒冷的地方，如北海道、东北地区，料理偏重口味，制作的味噌也以辛口为主；而关西等地区料理偏清淡，味噌也以甘口居多。

中国的黄酱和韩国的大酱一般是用大豆和面粉制成的，而日本味噌的原料有所不同。日本味噌可以分为大豆加米曲制成的"米味噌"、大豆加麦曲制成的"麦味噌"、豆曲制成的"豆味噌"，以及将以上味噌混合制成的"调和味噌"。

在日本，米味噌的产量最多，占味噌总产量的八成。米味噌的产地遍及日本各地，并根据不同的颜色和味道分成很多种类。

仙台味噌就是米味噌的一种。据说，当年伊达政宗将酿造专家请到了仙台，在其修建的"御盐噌藏"

Tips

味噌里的米、麦、豆

你也许发现日本人民对大米的热爱已经延伸到制酱领域了，然而这并不是个头脑发热的坏想法。因为在米、麦、豆三者中，大米的蛋白质含量最低，碳水化合物含量最高；大豆反之；小麦居中。在味噌发酵的过程中，淀粉酶将淀粉分解为糖，带来甜味和黏稠感；蛋白酶将豆类中的蛋白质分解为氨基酸，带来鲜味。所以，豆味噌都是咸香为主，而米味噌有了更多甜美的可能性，让味噌的世界也温柔起来。

味噌工场里制作并储备了大量味噌，以充当军粮。可能是受到这一历史事件的影响，仙台的主流味噌是辛口赤味噌。

相比之下，赞岐味噌是更为"小清新"的米味噌。这里的味噌与京都、广岛味噌不分伯仲，是白色甘味噌的典型代表，并因其浓郁的甜味和鲜味被广泛使用。

有时，我们会在超市里可以看到一种叫"田舍味噌"的味噌，这其实是以麦曲制成的麦味噌。虽然麦味噌没有米味噌那么普及，但其含有独特麦香，别具特色。麦味噌主要在日本关东地区北部、四国、九州等地区出产。

　　除了米味噌和麦味噌，还有以豆曲制作的豆味噌。豆味噌主要出产于日本的爱知、三重、岐阜这三个地区。

西京味噌制作的白味噌汤

画龙点睛的味道

——日本酱油美味评判法则

吃日本料理的时候，往往离不开酱油。对于刺身来说，香醇馥郁的酱油总是画龙点睛的一笔。在天妇罗盖饭、荞麦面这样常见的日本料理中，酱油也是不可或缺的。

了解历史的朋友可能会说，中国发明酱油分明比日本早数百年。确实如此。通常历史学家认为，日本酱油的起源也和中国有关。然而，近现代以来，随着日本曲种筛选、培养和低温制曲技术的发展，日本酱油在技术和风味上的进步令不少中国同行叹为观止。

现在，虽然我国仍有一些酱油业者坚持古法酿造，但已经有一些企业引进了日本技术，或者采用与日本酱油厂家合资的方式生产酱油。所以，在中国市场上，我们也可以买到日本工艺的酱油。

挑选日本酱油，要注意什么呢？

首先，要区分酱油的种类。日本酱油主要包括浓口酱油、淡口酱油、溜酱油、

甘露酱油、白酱油等基本款酱油和各式调味酱油。所以，如果没分清种类，就胡乱在日本超市的货架上抓一瓶包装精美的酱油回来，很可能会发现并不合用。

浓口酱油是目前日本最常见的酱油，占日本酱油总产量的 80% 以上。日本人所说的"酱油"通常就是指浓口酱油。浓口酱油出现于江户时代中期，作为江户料理的重要调味料发展起来。据说，关东地区最古老的酱油酿造厂商"higeta"往溜酱油的原料里添加了小麦并做了改良，从而确立了今天浓口酱油的酿造工艺。

浓口酱油原料中的大豆和小麦基本上各占一半，被认为是调和了五味平衡，所以适于各种料理。浓口酱油在日本各地广有出产，但关东地区产量较大，千叶县的野田市、铫子市，香川县的小豆岛是知名产地。

淡口酱油流行于关西地区，用于汁物、煮物、乌冬面等料理。关西地区的料理常用昆布高汤，为了不破坏昆布的风味，也避免浓口酱油使食材颜色变黑，以京料理为代表的关西料理比较青睐颜色清透的淡口酱油。

制作淡口酱油时，原料除了大豆和小麦，还会添加大米。小麦炒制的程度较浅，并加入酒。发酵时放入的曲相对少、盐水相对多。所以，淡口酱油的盐分比浓口酱油稍高，且颜色清淡，和我们通常认为颜色越深、味道越咸的认知颇不相同。

溜酱油是日本最早出现的酱油品种。江户时代中期前所说的"酱油"都是指溜酱油。这种酱油旨味浓郁，香气独特，适宜搭配寿司、刺身或做照烧、佃煮酱汁。同豆味噌相似，溜酱油也以东海三县（爱知、岐阜、三重）为主要产地。

甘露酱油味道甘甜，色泽浓厚，用于搭配刺身、寿司、豆腐冷盘等。传说是天明年间周防国的柳井创造出来的。因为发酵时以生酱油或酱油代替盐水二次酿制而成，日语中称之为"再仕込酱油"。甘露酱油产自以山口县为中心的山阴、九州地区。

白酱油颜色很浅，味道淡泊，甜味鲜明，适宜制作吸物、茶碗蒸、渍物等。白酱油主要用小麦制作，有近似麦味噌的香气。白酱油易氧化变色，保质期很短。爱知县碧南市为白酱油知名产地，关东其他地区也有出产。

另外，酱油品牌也很重要。日本酱油品牌中销量最大的是龟甲万酱油，其次是 Yamasa 酱油、Higeta 酱油、东丸酱油、Marukin 忠勇酱油、正田酱油等。这些大品牌产品较为细分化，其中不乏性价比高的百搭型产品和高端产品。当然，有一些历史悠久但相对小众的品牌也值得关注。

此外，可以通过酱油标识上的 JAS 标准来判断酱油等级。JAS（Japanese Agricultural Standard）是指日本农林规格制定的酱油规格。它将酱油分为"特级""上级""标准"三等，而特级中的佳品会被冠以"特选""超特选"等名头。等级划分主要是根据酱油的含氮量，也会考察酱油颜色、无盐可溶性固体占比等指标。所以，简单来看，选择等级较高的酱油是一个质量保障。

　　然而，JAS 标准并不是以口感、味道为衡量标准的，酱油风味如何，是否芬芳香醇、味道平衡，只有味蕾才能作出最终评判。

饮一杯风花雪月

——日本清酒二三事

大米，在日本饮食文化中扮演着重要角色。日本清酒，发源于大米在水中发酵的副产物，由精磨过的大米，加上水、酒曲和酵母酿造而成，酒精度在 14~18 度之间。相比葡萄酒，清酒的香气比较清幽，尖锐的酸度和味道都被消磨掉了，色泽薄淡甚至无色，入口味道轻柔。

人们一般理解的"sake"，即为清酒。其实在日本，"sake"一词对应所有的酒类，而酒税法规定的"seishu"才是日本清酒的正式名称。

与西方酿酒不同，清酒的香气虽然不张扬浓烈，但有着自己的特征。我们经常能看到的"吟酿香"是吟酿酒中比较显著的特征：具有果实、花香一般的香味。"米醇香"则源自大米的谷物醇厚、质朴的香气。此外，还可以存在草药、矿物、果仁、木头、乳酸等香气。

从味道看，清酒则可以用甜度、酸度和旨味来评判。我们经常可以在清酒瓶上看到的日本酒度，大于 0 度的表示酒体轻、糖度低（辛口），小于 0 度的表示酒体重、糖度高（甘口）。近年来的流行口感多在 −2 度至 +6 度之间。

优雅气息的日本清酒适饮温度跨度很大。按照饮用时温度的不同，有着不同的名称，从5度的"雪冷"，到55度的"飞燗"，在温度的变化下，酒也会呈现不同的魅力。加热饮用，酒精香气、甜味明显；低温饮用，酒的杂味降低，香气的状态更加集中、纯净、清爽。因此，瓜果、花香味道明显的吟酿类型酒，会更偏向于低温饮用；米香浓厚的纯米酒偶尔会被用于加热饮用。

除了酒，日本酒具也为很多人津津乐道。日本酒具形态各异，从装酒用的颈部收口的德利、片口，到热酒用的铫子和酒氽，再到喝酒的喇口杯、猪口、平盃、木盒等。材质也有切子（玻璃）、陶器、瓷器、锡、竹等。合适的酒具，既能在喝酒时烘托气氛，又能更好地体现酒的特性。不过，现在也有很多人用葡萄酒杯来品饮日本酒，认为其杯型适合香气扩散。

初次尝试清酒的食客，大多会对清酒的分类感兴趣。酒标上有形形色色的标注，比如吟酿酒、普通酒，这些都是什么意思呢？

从大分类看，清酒可以分为特定名称酒和普通酒。特定名称酒，酿造过程中不允许添加糖和香精，对于精米步合与酒米等级也有要求，也称为精品酒。按照酿造过程中是否加入酿造酒精和精米步合数又可以分为8种。在这8种特别名称酒之外的，

Tips

精米步合，指大米经过精磨，去除之后米剩下的心白比例。

统称为普通酒。那是不是特定名称酒比普通酒更"高档"呢？其实也不尽然。对食客来说，特定名称酒不一定比普通酒好喝，这取决于个人的口味和对酒的要求。

日本酒已有 2000 余年的酿造历史。如今，47 个都道府县，全部有清酒生产。酿酒负责人称为杜氏，他们把控酿酒全过程，也形成了不同流派，比如南部杜氏、越后杜氏等。

酿造清酒，米、水的使用都很重要。在日本，有一些特定品种的米专门用来酿酒，这些米称为"酒造好适米"，与一般日本食用米比较起来，其心白部分（不透明淀粉核心）要大，价格也更高。常见品种有山田锦、美山锦、五百万石、雄町等。

而水的方面，早期酒造的选址，大多选择在水质良好的水源附近。岩手县、新潟县、静冈县、京都府、兵库县等，都集中有不错的水源，可见水对清酒酿造的重要。

Tips

　　酿酒使用软水居多，酿出的酒温润柔和；硬水中矿物质含量高，其作为微生物的养料，可促进酵母发酵，酿出的酒醇厚浓烈。自古以来，将京都伏见软水酿造的口感柔和的日本酒，称为女酒；属于硬水的滩之宫水制造的厚重口感酒，称为男酒。

酿造清酒的过程，主要分为精米、洗米、浸米、蒸米、制曲、制酒母（酛）、制醪、上槽及装瓶成品。对于一般食客，前面的步骤过于专业，但最后一步上槽和装瓶的步骤应该要了解。因为上槽之后还要经过过滤、第一次"火入"（低温加热杀菌）、贮藏（熟成）、第二次"火入"、调和等过程，最后装瓶。因为这一段做法的不同，最后的出品会出现如下的分支：

· 原酒：未加入水和酒精调和（酒精度可以较高，甚至达 18 度）。
· 生酒：未做任何"火入"处理。
· 生贮藏酒：酿造后未"火入"，直接贮藏，装瓶前"火入"。

了解了这些，当看到酒标时，就不会茫然不知，甚至还可以和小伙伴们小小卖弄一番呢。

第五章
料理间里的技与艺

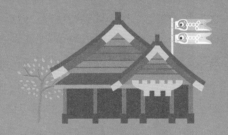

　　任何一种严肃的料理都是不断经历细节上的琢磨和推敲，历经数代才日臻
完善。日本料理以切、煮、烤、蒸、炸等基本调理法对食材进行精心的料理，
以不露声色的方式着力展现食材真味。

庖丁解牛

——日式刀工的魔力

用刀具切分食材，几乎是世界各个国家、各个菜系都会采用的料理方法，而日本料理以刀工闻名于世，其中有何特别之处呢？

在古代日本，在料理过程中用刀分割食物，较早见于平安时代的"庖丁式"，是一种带有仪式意味的料理。

那时，执掌刀具的是仪式的主人，由主人切开食物后再交给厨师料理，刀切和烹饪是两个相对独立的过程。后来，菜刀从主人手上交到庖丁人（厨师）手中，刀切遂与烹饪逐渐结合在一起。

对日本厨师来说，刀切不但用来分割食物，而且能通过刀法变化改变食物的味道。同时，由于刀切"仪式"的渊源，在日本料理里，刀切仍有一定的表演意味，是评价一位厨师厨艺的重要方面。日式刀功，对日本料理有着非常重要的意义。

日本人为什么花了那么多精力在刀工上呢？因为在日本料理里，生食在一定程度上是食材的"最高境界"。一个厨师拿到一样食材后，首先考虑的应该是能否生吃，如果可以，怎样处理最美味。生食，其目的就在于保留食材本身的味道，而在这期间，刀具选择和切割技术显得非常重要。

厨刀是日本料理人的亲密伴侣。要掌握厉害的刀工，首先要有对且好的厨刀。日式厨刀从用途分主要有 3 种：

薄刃刀，用于蔬菜类的切割、剥皮和划分，刀尖可能是圆头或方头。日本厨师能将蔬菜切成美丽的形状，薄刃刀是主要的工具。

出刃刀，用于剖鱼，刀尖薄而锋利，刀尾则较厚，方便切开或者拍剁比较坚硬的部分。

柳刃刀，又称为刺身刀，用于生鱼片、鱼类、禽类的处理，刀刃长而窄，非常之锋利。

此外，在一些特殊场合，还会有专业用刀。比如，用来处理灰海鳗的鳢刀，以及剖鳗鱼专用的鳗鱼刀。

薄刃刀

柳刃刀

如果你留意过日式厨刀，会发现和它们与我们常用的双面开刃菜刀不同，日式厨刀多为单刃刀。虽然单刃刀不容易上手，但它们更锋利，切割时角度更小，非常适合日本料理中切割的需要。正确的厨刀和切割方法，在将食材纤维切断的同时，最大程度保留食材的组织结构，使水分和味道不从切口流失，确保了生食的风味。

　　而在中餐、西餐等餐饮体系里，使用刀具的主要目的还是切割，且更重视切割后对食材的腌渍，因此更注重食材切口的开放，使卤汁和食材本身的水分能更好地互溶。与之相比，日式刀工"尽量不破坏组织、保留水分"的要求确实比较高。

　　生食食材最能体现日式刀工，针对不同的食材，切法也会有所变化。当一位寿司料理人在施展平切、薄切、八重切、鸣门切、鹿之子切等炫目刀法的时候，你会感受到一种艺术的流畅感和韵律感。

　　平切（又称拉切）、削切、薄切是三种基本生鱼片切法。平切主要用于肉质

平切

削切

稍软嫩的鱼，切时将肉质较厚的部位向上摆放，然后垂直下刀。削切主要用于肉质稍硬的鱼，采用和平切相反的方向，将肉质较厚面朝下，然后斜向下刀。薄切主要用于白肉鱼，刀法如削切，但切得很薄，能营造出白肉鱼通透的效果。

方块切。顾名思义，是将鱼切成方块的切法。一方面可以用于肉质软且需要切得厚的鱼；另一方面可以用于切"边角料"，这样不会浪费。

细切。将鱼切成 4~5 毫米宽"小鱼条"的切法。这种切法常用于肉质富有弹性或肉量少的鱼生。

八重切。一种连刀的切法。在切分后的鱼生上以 2 毫米的间隔先划一刀浅切口但不切断，第二刀再纵向切断的切法。这种切法经常用在鱼肉须腌渍的鱼生上，使之更入味，并可以解腻。

鹿之子切。将食材表面切出交叉的刀纹，常用于切肉质较硬的鱼生，使之更

薄切后的牙鲆

方块切的金枪鱼

169

容易入口。你可能想到了经常闪现在乌贼身上的网纹刀痕，那正是鹿之子切。

波纹切。一边移动手腕一边切，使切口表面成"波纹状"，以便更好地黏附调料，也能使肉质较硬的鱼生易好入口。

鸣门切。将薄切后的鱼生平行刻出刀纹，再包入海苔卷成小卷，主要用于乌贼类的处理。

蝶切。将北寄贝、赤贝等鱼生对开，做成蝴蝶造型的切法。蝶切时，厨师需要将鱼生甩在砧板上并敲击成形，是很吸引食客眼球的做法。

下次光顾日料店的时候，不妨留意一下日料师傅到底在用哪种刀工处理食材。

八重切的岛鲹

波纹切的章鱼

鹿之子切法经常用在乌贼上

蝶切的赤贝

技近于道

——高汤美味的玄机

　　刚接触日本料理的时候，很多人只是称赞鱼生或烧烤料理的美味，但随着对日本料理了解得更深入，逐渐有人会特别留意一家料理店的高汤水平。高汤，这个在料理中"隐秘而伟大"的角色，到底有什么美味玄机呢？

　　日式高汤也称为"出汁"（Dashi，だし）。日本著名料理人小山裕久曾经说过，日本料理是种极简单而又难做的料理，而日式高汤就是最好的例子。

　　最基础、最常见的日式高汤是用昆布与鲣节煮制成的，原料看似简单，但从原料的选择到制作方法都有很多细节需要斟酌。日式高汤在日本料理中极为重要，日本料理的汤类、炖煮类、蒸物甚至煎蛋卷都要以此为基底，一些调味酱汁中也会加入高汤，让味道更鲜美丰富。因此，日式高汤也被日本料理人视为生命。

　　我们之前介绍过，日本昆布的产地主要在北海道及日本东北部地区，而鲣节主要产于土佐（高知县）、纪伊（和歌山县）、萨摩（鹿儿岛县）等日本中南部地区，相距十万八千里的这两样东西最终是如何在一个锅里"邂逅"的呢？

简单地说，答案就是：感谢天皇！在古代，来自各地的优质物产最终以贡品的形式汇集到天皇所在的京都，于是昆布与鲣节得以相聚，共同演绎出日本料理中最重要的章节。"出汁"一词最早出现在室町时代（1336——1573）的一本料理书上，烹煮天鹅肉时所用的双节鲣鱼片被认为是现代日式高汤的原型。

日式高汤分为一番高汤和二番高汤。一番高汤是用昆布加热炖煮、取出，再加入削节（削成薄片的鲣节，也称木鱼花）微煮，过滤后制作而成的高汤。一番高汤是用来做清汤的汤头。将一番高汤使用过的昆布和削节再加水炖煮，并适当补充昆布和削节增添风味，这样制作而成的高汤就是二番高汤。二番高汤是用来炖煮其他食材和调味用的汤头。

因为作用不同，一番高汤和二番高汤所追求的风味也有所差异。一番高汤讲究"原始风味"，即汤头本身的鲜甜；二番高汤则讲究"调理提味"，即通过汤头来激发食材的味道。

虽然日式高汤主要由昆布和鲣节两种原料制作而成的，但选材的细节上有很多可以推敲的地方。比如，昆布是选用根部、中间部分还是顶端部分，鲣节是否使用鱼背血合部分（血合的部分味道浓郁，不带血合的味道清雅），鲣节的刨片方式和刨片后放置的时间，这些都会影响到日式高汤的味道。此外，昆布表面会有一层白霜，主要成分是甘露醇，虽然里面带有鲜味，但是糅合着苦味和咸味。所以，很多料理店会先将白霜去除，以免影响日式高汤的醇味。

炖煮高汤的水看似缺乏存在感，实则十分重要。与中国和一些欧美国家相比，日本的水质偏软，水的硬度在 50~80mg/L 之间（世界卫生组织给出的饮用水标准硬度是 500mg/L 之下）。由于软水中的钙和镁等矿物质含量偏低，在炖煮高汤时食材本身的鲜味容易逸出，不经意间令美味事半功倍。

炖煮日式高汤的火候与时间也极为讲究。爱美食也爱科学的日本研究人员发现，在加热到 60℃左右的时候，昆布中的谷氨酸可以最大限度地析出。所以，炖煮温度与高汤的鲜美度有直接关系。

除了直接炖煮昆布的方法，还有些料理人会将昆布浸泡一夜，取浸汁加热制作成高汤。鲣节本身包含了甜、酸、苦、涩等多种风味，在投入接近沸腾的水中数秒后就须捞出，否则甘美尽去，苦涩纷来。包括小山裕久在内的一些料理人会在制作削节时特意增加厚度，以便让甘美的味道可以充分释放，而苦涩感得到削弱。

日本著名美食家北大路鲁山人曾提到京都"过水昆布"的做法：在锅的一边放入长长的昆布，经过锅底再从锅的另一边取出。在这样短暂的时间里做出一锅昆布高汤，虽然有点玄虚，但至少可以阐释日式高汤不可过度炖煮的原则。

从对高汤的重视程度来看，日本料理不亚于中国料理。在日本料理中，通常以一番高汤为基底的御碗作为衡量料理店水平的准绳。如果御碗鲜美，其他菜也不会太逊色，因为其他菜式都是以这样的高汤为基础制作的。犀利的食客甚至会从一碗御碗看出料理人的师承门派和对料理的理解，不得不令人赞叹。

东京晴山日本料理以高汤为基础制作的御碗

返璞归真

——炭烤的质朴回归

烧烤是人类最早掌握的料理方法。一场林间大火，一顿美味烤兽肉，从此味蕾被打开，生活被点亮。不需要任何烹饪容器，也可以成为充满幸福感的原始人。

于是，在许多国家的料理中，烧烤都占据着重要地位。西方料理常以电烤箱来烤制各种佳肴，而在日本料理中烧烤主要以炭烤为特色。

炭烤的美妙之处在于，它可以在不额外添加油脂的情况下，利用食材自身的油脂滴在木炭上产生的熏香来为食材增加风味。所以，我们回味炭烤食物的时候，往往会说"有迷人的烟火气"，就是这个缘故。

日本料理炭烤中用到的食材以鱼、肉为主，兼有菜蔬。作为尽享河海之鲜的国度，日本料理人对鱼类的炭烤颇有心得。也许你会认为烤鱼这件事很简单，可是如果你亲自尝试一次就会发现，此间有无数个技术深坑在召唤你。不同鱼肉有不同的特质，纤维结构的差异、脂肪含量的差异都会影响它们在炭烤时的状态。所以，料理人首先要了解不同食材的特性。

很多人都喜欢吃带皮烧烤的鱼肉，认为香脆的鱼皮和多汁的鱼肉之间的口感对比，才是食烤鱼的真正乐趣所在。然而，"外酥里嫩"的状态也并非唾手可得。当你只想集中火力逼出鱼皮中的油脂时，可能会发现鱼肉已然老了；而当你只顾及鱼肉的鲜嫩度时，会发现鱼皮依然油腻软塌。在同一个热源下，面对食材的两种特性，是非常容易顾此失彼的。

难度更大的是炭烤整条鱼。一条鱼不同部位的皮、肉、骨的构成可能完全不同，最终要求呈现的口感也不尽相同。比如，盐烤香鱼时，要考虑鱼头、鱼尾、鱼皮、鱼腹、鱼内脏、鱼背骨的不同状态，看似是烤一条鱼，其实是一个食材组合。所以，也有人认为，烤香鱼是日式炭烤的终极挑战。

一尾小巧的香鱼，鱼肉不过三五口，而为了烧烤所花费的心力却是数倍于其他鱼类。对此，我们唯一可以表达敬意的方式就是：在夏季游历日本时，真诚地享用一餐烤香鱼料理，感受其中妙处。

烤鱼之前，料理人会在鱼的皮肉上斜切细密的花刀，这样可以防止烧烤时鱼皮受热蜷缩，也可以使鱼的皮下脂肪更容易渗出，带来煎烤的效果。相比直花刀，切成斜花刀的鱼肉在烧烤之后膨胀程度更好，看起来更加美观饱满。这些小细节都会影响食物最终的美貌度和美味度。

料理人还会在鱼肉上撒盐或用酱汁腌渍鱼肉。这不仅是为了调味，还可去除

多余的水分。由于渗透压的作用，食材中水分部分渗出，肉质变得更紧致，在烧烤时不容易松散。同时，鱼腥味的来源——水溶性三甲胺也会随水分排出，让鱼肉的味道更佳。

炭烤时，食材是穿在铁签或竹签上烧烤的，以铁签居多。通过签子的热传导，食材内部也可以更快受热。也许你会发现，日本料理人经常将整条鱼或鱼片穿成波浪形。这样做不仅可让食材显得栩栩如生，通过调整食材弯曲的弧度，还可以使食材受热更均匀。

炭烤的过程其实很复杂，估计食客们很少会有耐心见证全过程。火力的变化并无定式，视食材而异。比如，像真鲷这样油脂含量少的白身鱼，要先以小火慢烤，再逐渐增强火力烤香；而香鱼这种烧烤难度很大的小鱼，需要先以大火将尾部定形，再以小火烤酥头部，之后以中火烤熟其他部位。

我们日常烧烤的时候，经常会遇到的一个问题：食物外部已经烧得焦煳，里面却依然是生的。对于有些食材，日本料理人会在炭烤过程中离火放置一会儿，再继续烧烤，目的就是利用余温作用让食材中心变熟，减小食材表面和内部的温度差，达到均一的烧烤效果。

既然是炭烤，"炭"的重要性不可忽视。按照制作工艺和用途，日本的木炭分为黑炭和白炭两种。白炭火力强而耐烧，是炭烤料理的首选，其中又以和歌山县的乌冈栎制作的备长炭为上品。在使用木炭烧烤的时候，木炭使用量、炭火摆放方式、炭火与食材的距离、扇风方式都会影响烧烤的效果，这也是料理人技艺的体现。

　　看似粗犷又朴实的炭烤真是玄机暗藏。不过，如果你对技术流并不感兴趣，还是安心享受炭烤美味就好了！

炭烤梭鱼

 # 循序渐进

——炖煮的微妙节奏

角煮、甘露煮、若竹煮、治部煮、具足煮……在日本旅行的时候，我们经常可以看到这样的料理名称。"煮"这种料理方法在日本料理中很常见，我们中国人也并不陌生。那么，日本的煮法有什么特别之处呢？

当我们在怀石料理中吃"焚合"这道菜的时候，往往看到肉类与蔬菜其乐融融地聚集在一个精美的食器里。然而，它们可能并非一同经历过所有的风雨，而是在上桌前不久才在同一个煮锅里"新结识"的。

每种食材都有不同的风味，这些风味不应该在炖煮中过早混淆，而应该保持独立的特质；每种食材都有不同的性质，致密的淀粉类食材需要慢慢炖煮才能达到中心软烂，纤维疏松的食材则要留意如何在炖煮中保持形状，某些肉类需要小火慢煮才能松软入味……对食材性质的把握是炖煮料理的第一门功课。在具体的炖煮过程中，也需要将不同性质的食材分开处理，才能在最终呈现时达到口感上的统一。

"炖煮"是一种以液体为介质来料理食物的方法，用这样的方法将食物的加热变熟并在同一个过程中完成调味。较之日本料理中的其他烹饪方式，炖煮的调味过程是缓慢而循序渐进的。在日本料理中，炖煮的液体可以是水，也可以是日式高汤（前文所提到的二番高汤）等。炖煮的对象可以是肉类、鱼类，也可以是菜蔬。

在煮熟食物的过程中，料理人要考虑的第一个问题便是炖煮的温度。希望食物的表面和中心呈现什么样的状态、达到什么样的温度，直接决定了炖煮时温度的设定与调整，以及炖煮时间的控制。

水的沸点是100℃，当水中加入调味料之后，沸点可能稍有变化。因此，炖煮时的温度可以在0~100℃的区间内调整。如果希望食材表面加热而中心不受热，可以用接近100℃的高温略煮；如果希望食材煮熟而不破坏表面，则应该选择60~70℃。

在煮熟食物的过程中，料理人要考虑的第二个问题可能是如何保持食材本身的鲜味和质地。鱼类的蛋白质容易在水中逸出，所以往往先让汤汁达到沸腾的温度，让鱼肉表面迅速受热、变硬，锁住内部的味道。而对于一些纤维容易松散的食材或过分炖煮之后纤维容易变硬的食材，在炖煮过程中更要控制火力，或者通过预处理改变食材的性质。

在日本料理的炖煮中，料理人善用"落盖"来控制料理的节奏。"落盖"就是盖在锅子上面的盖子，传统日式"落盖"多为木质。锅上加"落盖"可让食材均匀加热，让食材慢慢变熟而不必担心水分过早蒸发；在炖煮汤汁比较少的料理时，使用"落盖"可以让汤汁覆盖到全部食材，使食材均匀、充分地入味；对于容易松散的食材，加上"落盖"炖煮时，火力可以调到更小，炖煮状态更为平稳，食材容易保持形状。

为了将食材炖煮到理想状态，有时需要添加额外的"秘方"。比如，炖煮长芋、小芋头时加入淘米水，会让芋头炖得更加软糯。

炖煮的第二个目的是入味。因为盐和糖的加入会导致炖煮汤汁的浓度增加，在渗透压的作用下，食材细胞中的水分渗出，造成食材失水变硬。如果这个过程在食材煮熟之前就发生了，那无疑是个失败的料理。所以，通常情况下，调味是在炖煮后期才进行的。

日本料理中常用的炖煮调味料包括盐、糖、酱油、味醂、酒等，这些调味料的组合构成了炖煮类料理的基本味型。如果要使炖煮的食材入味，可以通过大火收汁的形式来实现；也可以将食材离火，浸在煮汁中慢慢入味。选择怎样的入味方法，也要看食材具体的性质和烹饪状态。对于一些食材，调味无法一蹴而就，就要多次、少量添加调味料，让味道慢慢渗入，与食材自然地融为一体。

一份炖煮的"焚合"之中，主食材一般是三四种，感受每种食材各自的味道，然后将汤汁一饮而尽，舒适而平衡的感觉油然而生。

炖煮茄子、芋头、麸

水火相济，盐梅相成

——寿司饭的和合之道

在寿司这个"饭＋鱼"的结构中，我们往往把更多关注和赞美给了"鱼"。寿司店常会自豪地推荐当季渔产，客人会津津乐道旬鲜之味，料理达人会像动物学家一样对"鱼"如数家珍，但是对"饭"，大家都只有寥寥数语带过。

难道"饭"就没有尊严，甘当万年"龙套"吗？寿司饭即醋饭，也被称为"舍利饭"，足见其珍贵性和重要性。日本寿司人常说"六分米饭，四分配菜"，认为寿司的美味主要是由"饭"来决定的。寿司饭的制作讲究水火相济、盐梅相成的和合之道。

首先，寿司饭的米粒要彼此黏结在一起，再和配菜捏制起来，这就要求米饭具有较高黏度。与此同时，米粒也要保持良好的紧实度与饱满度，这样在入口时才能有更丰盈的口感，可以更好地与唾液接触，提升对鱼类鲜味的感知。

寿司米要选用短而黏的粳米。而在粳米之中，要选择硬度略大、米心淀粉紧实、芳香油润的品种。日本常见的寿司饭米种包括越光、笠锦、一见钟情、日本晴等。有些寿司店会用不同种类、不同收获时期的米拼配，发挥不同米的特质，合力呈现出更好的寿司饭。

不止米的品种很重要，米的烘干方式、存放时间也很有讲究。因为稻米对高温的抵抗力很弱，人工高温烘干可能导致米粒变色、有断纹，影响美观，还会因为米粒中脂肪酸骤高而影响味道，所以还是经阳光自然暴晒烘干的米为佳。此外，做寿司饭通常不用新米。新米含水量比较高，须存放一段时间让米干燥。

接下来是炊饭。寿司界常说"舍利三年"，学做饭至少需要三年。这三年到底在干什么呢？

首先是洗米。需要用少量水，靠米粒之间摩擦力淘洗八九次，直至洗米水澄清。洗米的过程可以去除过多的淀粉，让米粒变得莹润通透起来。再根据米种特质、米的新陈度、季节差异、在店里拆包存放的时间来决定泡米的时间长短。

传统的日式炊饭方式是明火炊饭，讲究"稳火加热，强火煮立，中火蒸，闭火焖，猛火熏烧"五个步骤。

以稳火加热慢慢提升釜内温度；听到釜中有"噗噗"声后转强火，在高温作用下，米粒在釜中跃动，舒展为直立的状态；再转中火，将米粒内部蒸熟；然后关火，还要再焖15分钟左右，让米饭充分膨胀。最后将火力开到最大，烧5~10秒，釜底米饭的糖分在高温作用下产生微微的焦香感，增加寿司饭的风味。有的寿司

店会在铁制羽釜上放置重物增加压力，让米饭的质感更加紧实且富于弹性。

这样大火、小火反复"蹂躏"米饭，没有足够的洞察力和经验是很难精准把握的。经过烧饭的过程，将米的特性激发出来，并给米饭带来更多润色和风味。米的黏度、弹性、莹润度最终都在这个环节确定下来。

寿司饭做好之后并不会马上使用。一般会冷却20分钟左右，然后倒入桧木桶中搅拌。桧木较吸水，对保持寿司饭的爽利状态会很有帮助。

接下来是对寿司饭的调味。寿司饭的风味是区别寿司流派的重要指标。寿司饭的盐醋比例往往是寿司店的最高机密。东京的寿司师傅都非常严肃地看待酸味。塑造酸味的寿司醋分赤白两种，传统的江户前寿司使用酒糟酿的赤醋，颜色深红，入口有陈郁的香气。

在20世纪50年代日本的"黄变米事件"之后，人们担心颜色深的寿司饭是用质量不好的黄变米做的，对其敬而远之，寿司店只好改用白寿司醋做寿司饭，并添加糖来平衡味道。现在，有些寿司店喜用白醋，有些偏爱赤醋，还有些寿司师傅认为，不同食材应该搭配不同寿司醋来制作寿司饭。

对于糖，不同时代有不同偏好。19世纪，寿司在东京风行的时候，寿司饭的味道是很酸的。"二战"后，人们从生理和心理上都觉得很需要甜美的味道，所以寿司也开始变甜。但随着经济复苏，大家又开始喜欢没那么甜的寿司了。所以，糖的使用量似乎是和经济景气度高度相关的。

在这样翻来覆去的加减变化中，不同寿司店也会形成自己的判断。有些寿司店觉得偏甜口味的寿司饭更适口；有的则坚持少糖为妙，偏甜的寿司饭会让味蕾在没有充分感受鱼鲜之时就迅速满足了。

当寿司入口的时候，也许你会被鱼生带来的鲜感所立刻吸引。可是，经过各种洗礼才来到你身边的寿司饭同样有它的故事。在寿司饭于口腔内分崩离析之前，你是否感受到了它的特质？

盛放在木桶中的寿司饭

洞若观火，徐急自若

——天妇罗的美味秘籍

天妇罗很容易被不明真相的人当作没有什么技术含量的料理。裹上面衣油炸这件事似乎人人都会啊。然而，当它成为一种被钻研数百年的严肃料理，一切都变得没那么简单了。

被称为"天妇罗之神"的早乙女哲哉在《食物的革命》专栏中曾说，天妇罗料理是利用水与油不相容的特性，用油加温后产生的能量对素材进行"脱水"，在原风味不变的前提下去除多余的水分使素材风味变浓。所以，也有人将其总结为"食材水分释放、旨味凝缩"的料理法。

炸天妇罗的过程是"烤"和"蒸"的共同作用。将裹着面衣的食材放入油锅炸制，面衣脱水、变酥，水分带走了食材的生味，留下充满空气感的面衣。面衣与炸油直接接触，是"烤"的过程。在定形的面衣包裹下，食材不易脱水，也不易升温，水蒸气在面衣中继续对食材进行"蒸制"，使食材温和地变熟。

当一个料理人在默默地做天妇罗料理的时候，你猜他心里在想些什么呢？

首先，料理人要考虑给食材裹什么样的面粉或面衣。大多数天妇罗食材处理好之后，会先裹一层干面粉，然后裹一层面衣。但也有一些食材是只裹面衣或只裹面粉的，还有一些是多次裹面衣和面粉的。这些变化就需要天妇罗师傅在操作时根据食材加以调整。

面衣是由鸡蛋、面粉、水这几种原料组合起来的，却也有无穷玄机。比如，为了减少面粉的筋性，一般会使用冷藏过的软水来调制面衣。而关于鸡蛋的使用也分为加全蛋、加蛋黄、加蛋清、不加蛋四种做法。蛋白多的天妇罗更蓬松稳定，蛋黄多的更轻盈香酥，不加蛋的则更清脆硬挺。专业天妇罗店多用蛋黄或全蛋来制作面衣。

然后，料理人要考虑食材对应的油温和油炸时间。天妇罗的油炸温度一般在160~190℃之间，有些店也会用200℃高温油炸一些特殊食材。每种食材都有适合自己的油炸温度和油炸时间，这些也是厨师在制作天妇罗时一定要牢记的部分，尤其是在菜单很长、食材品种很多的店里。

当然，这件事还是有一定规律可循的。比如轻薄的野菜很多都是用170~175℃的较低温度、以较短时间炸制；本身多汁而脆弱的贝类多以175℃左右的温度油炸；而致密细滑的头足类（软丝、乌贼等）则要以190℃高温快速炸出表皮酥脆、内部柔软的状态；南瓜、番薯等淀粉类食材要慢慢油炸几十分钟才能获得温柔甜美的口感。

当食材进入油锅之后，并非算好时间就一劳永逸了。料理人很快就会面临油温下降的问题。油温降低是件非常可怕的事情，这意味着油炸时间要延长，面衣会过度吸油，之前设想好的完美天妇罗计划都会被现实打败。

关于油温降低的问题至少有两个解决方案。一是在油温降低时迅速调节火力，让温度再次上升；二是用两口锅来炸天妇罗，温度一高一低，根据食材和流程安排的需要，在两口锅之间切换。有的天妇罗店会采用这种办法，但记住两口锅里每种食材的特质和油炸时间似乎是件更费脑子的事，做一个天妇罗料理人真的需要精神高度集中。

在油炸后，被面衣包裹的食材继续受余热焖蒸。所以，天妇罗师傅也要考虑余热对食材的影响，尤其是炸成半生熟的食材。如果天妇罗师傅对客人用餐的速度没有做出正确的判断，提前很长时间炸好了下一份料理，那么他对这份料理的水准很难有足够的控制力。而作为客人，我们能做的最好的事情就是保持可被预见的用餐速度，并且立刻享用每道呈上的料理。

你也许听说过，好的寿司师傅会根据客人的性别调整寿司大小。其实，天妇罗师傅也不都是麻木不仁、埋头油炸的，他们也会考虑客人的偏好。比如，在某些天妇罗店，对于同一种鱼，天妇罗师傅会给男性客人提供摊开炸、质感酥脆的版本，便于送酒和大口畅地享用；给女客人提供叠起来炸、质感松软的版本，便于优雅地食用。

所以，要做出完美的天妇罗料理并非一日之功。那种对食材的理解力，对油温的洞察力，那种高度的专注力和决断力，都是在无数个平凡的日夜反复磨练的结果。

天妇罗专门店的料理工具

第六章
一个日料吃货的自我修养

　　一家寿司店最好的座位在哪里？吃日料时真的都要"发出声音"吗？食用日本料理的雷区颇多，要想正确而优雅地吃起来并非一朝一夕的事儿。更何况，厨师费尽心思将厨艺与食材最好的一面展示给你，你总得知道如何对这份匠心予以回应。

欢迎入坑

——品尝江户前寿司前的知己知彼

品尝江户前寿司，是很多食客品尝日本料理时的入门选择。那么，在众多寿司店中，如何才能选好店、吃好寿司呢？

原本江户前寿司不过是大排档的庶民食品，除去酒汁（一般用酱油、料酒制成的酱汁）、山葵等调味料外，主要有两部分组成——饭团和寿司料（主要是鱼生），非常简单。然而，随着渔业、冷藏、物流等产业的发展，寿司料运用高档、时鲜鱼生成为可能。日本寿司职人也不断努力，在食材选择和料理方式上做到极致，不但成本变得很高，而且蕴藏着超乎一般想象的技艺。

如今，一家地道的江户前寿司店一定是价格不菲的高级料理店。在日本，每人用餐的餐费大多在 1 万日元以上；在中国的话，高级寿司店的人均消费甚至超过 1 千元人民币。

这些寿司店大多没有菜单，只是分几档套餐，套餐价格越高，寿司贯数越多，寿司料也越"高档"。客人确定套餐后，寿司师傅会根据当天的鱼生情况以及客人事先声明的喜好，决定提供的套餐内容，并会针对客人用餐中的反馈，微调捏制寿司的细节，比如添加山葵的多少、饭团的大小、酱汁的浓淡等等。这种被称为"Omakase"（师傅发办）的用餐方式源于传统日本料理，如今在寿司店及提供套餐的传统和食店都很常见。

不过，也有不少人指出，寿司店采用"Omakase"的用餐方式，在一定程度上剥夺了客人品尝寿司时选择鱼生的乐趣。这其实是寿司店为了减少鱼生进货种类，控制滞销风险，降压成本的经营手段。对此，寿司店又以现在"懂鱼"的客人太少，还是要由师傅来决定为"Omakase"辩解。双方都有道理，但事实的确是这样：在高级寿司店里，给客人选择鱼生的余地不会特别多。

当然，我们也有很多便宜的寿司可供选择，比如回转寿司店。这些寿司店通过降低鱼生质量、运用规模效应，甚至由机器人捏制寿司等手段，大大压低成本，

寿司拼盘

在那里饱餐一顿，在日本甚至不用 2 千日元，在中国也只需 200 元人民币左右。此外，在日本的一些渔业港口、水产市场（比如东京的筑地市场）有很多平价寿司店，这些店"近水楼台"，具有较高的性价比，不超过 5 千日元就能尝到接近高级寿司店的料理，也是相当不错的选择。

Tips

1. 日本是个渔业资源非常丰富的国家，可用作寿司料的鱼生非常之多，鱼生的品种、部位、时令、产地非常有讲究，这也是品尝江户前寿司最大的乐趣。强烈建议有计划去日本游历的读者事先做一些了解，这样无论是"Omakase"还是自己点单，都能获得更深的感受。

2. 江户前寿司的风味转瞬即逝，在师傅捏制好后请立即食用，且要一口吃下。通常情况下，江户前寿司是师傅做一贯（也有师傅一次做两贯），客人吃一贯，如此往复食用的。

3. 一般情况下，品尝江户前寿司时请直接用手拿取，但习惯用筷子夹取也无妨。用手拿寿司入口时，建议将寿司料一面朝下，确保舌面先接触寿司料（用海苔包裹的"军舰寿司"不用将寿司料朝下食用）。

4. 在绝大多数江户前寿司店，寿司师傅默认将山葵酱捏入寿司；同样，呈给客人的寿司也是师傅已经调过味的，调味方法有刷酱汁、抹盐、添加萝卜泥、姜末等，因寿司料而异，客人没必要再行调味。

5. 在地道的江户前寿司店，寿司师傅会根据寿司料的特点采取适当的料理方式，如酱油渍、醋渍、昆布渍、熟成、炙烤、蒸煮等，这是评价师傅厨艺的重要方面，有兴趣的话请认真观察品鉴。

6. 为防止前后两道寿司的"串味"，寿司店会提供生姜片，可以在品尝一道寿司后，吃一片生姜，喝一口热茶，以清新的口腔迎接下一道寿司。但并不是每贯寿司后都需要食用生姜清口，比如牙鲆等白肉鱼本身口味清淡并无明显余味，此时食用生姜片显得多余。

7. 在江户前寿司店，寿司师傅会根据寿司料的浓淡决定寿司的前后顺序，先淡后浓，逐步推进。比如，大多数寿司店将白身鱼作为第一贯寿司，而像煮文蛤、星鳗等浓味寿司总放在靠后的位置，这也是在自由点单型寿司店的点菜诀窍。但上述只是一般情况，也有不少师傅对寿司的排列方式有自己的见解，尤其是寿司贯数较多时会设好几个"高潮"，给客人带来惊喜。

8. 如果一家回转寿司店的厨房全部是后厨，即见不到寿司师傅，这家店的寿司很有可能是由安放在后厨的寿司机器人制作的。这些店的饭团和鱼生均为事先准备好，难以体现江户前寿司的本味，虽然价格便宜，但不推荐前去用餐。

 # 步步为营

——享用怀石料理时应该注意哪些细节？

在本书前面的章节，我们已经介绍了怀石料理的渊源及菜式构成。怀石料理有深厚的文化传承与底蕴，品尝怀石料理时也有很多值得欣赏的细节和必须注意的礼节。如果大家能通过就餐过程展示自己的涵养，对他人及自己都是尊重，一定能让人刮目相看。

就餐前

如果料理店是需要脱鞋进入的，一般在门口都会安排专负责摆放食客鞋子的店员，请面对店员而不是背对他脱鞋；女士请不要穿很难脱下的靴子，以免同行客人都等你一人脱鞋；请务必不要赤脚，请着没有破洞的袜子；脱下的鞋子放在脱鞋石边上即可，不必刻意自己弯腰将鞋摆好，收鞋是店员的工作。

请不要喷浓味的香水，以免影响他人的嗅觉。

一些和式包间内无凳子或椅子，如果严格按照礼仪的话，客人须席地"正坐"就餐。对大多从小没有"正坐"习惯的食客来说，长时间"正坐"难度很大，最后难免盘腿伸腿显得尴尬，建议提前确认包间的就座方式。

就餐中

如果在和式包间就餐，入座时不要脚踩坐垫，如需要移动坐垫，请用手移动；餐厅提供的毛巾是擦手巾，请尽量不要用来擦脸，更不要用来擦嘴；如筷子是用筷封封起的，可以用依次抽出筷子的方式取出；请不要搓筷子，那是无礼的举动；食物入口前，请用筷子等分成能一口吃下的尺寸，不要咬一口再放回去。

关于餐具

料理、餐具和使用餐具的礼仪三者密不可分。面对一眼望去高低深浅有盖无盖的大碗小盅，要求食客完全得当使用，不仅对中国人，即使对日本人也是很有难度的，但我们起码可以注意以下方面：

打开餐具的盖子时请双手并用，一手掀，一手扶。盖子一般放在餐具的右方偏上，盖面朝上，避免水珠滴出。

一切"看上去方便端起来"的餐具，如饭碗、汤碗、小型器皿等，请端起来使用；扁平的大盘、比较大的便当盒、放鳗鱼饭的重箱，请放在桌子上使用。总体来说，就餐时请双手并用。

吃完一道菜后，请将盖子盖回，店员会负责收拾。因各种餐具质地不同，叠放在一起可能会造成划痕，所以不要将餐具叠起。

就餐后

高级日本餐厅大多会加收 5%~15% 的服务费，如果餐厅不收服务费，也没有必要额外支付小费。如果就餐前有寄放外套，店员一般会帮客人穿着，此时请大方接受，不要过于客气。

八寸，札幌的日本料理店"温味"

地域之异

——关东料理与关西料理的微妙差异

当我们说到"日本料理"，往往是将其作为一个整体来谈，但其实日本不同地区的饮食文化是迥然不同的。

东京、京都、大阪似乎是去日本旅行的人最常光顾的城市，然而在以东京为代表的关东地区和以京都、大阪、神户为代表的关西地区，你会发现，不止语言风格、民风截然不同，连饮食文化也有各自独特的风格，甚至当你点上一份名称相同的料理，也会发现关东版本和关西版本是完全不同的两种演绎。

比如，说起寿司，我们往往会首先想到一小团醋饭加上一小片海鲜等食材组成的握寿司。而当你到了京都或是大阪，被热情的当地朋友拉去吃寿司，你会发现面对的并不是一枚枚线条圆柔的握寿司，而是一些方头方脑的家伙。京都人喜爱的鲭寿司虽然用料朴实，却很讲究鲭鱼的品质、腌渍的程度、醋味的调和及制作手法。而大阪人喜爱的箱寿司中也会用到车虾、穴子、鲭鱼、鲷鱼、玉子烧等种类丰富的食材，虽然样貌扁平，同样让人大快朵颐。

如果你不想被握寿司或箱寿司的形式所束缚，而是选择内容丰富、风格轻松的散寿司，也会发现关东、关西的做法略有差异。关东的做法是在醋饭上撒满生鱼片等食材，称为"江户前散寿司"；而关西的做法则是把所有食材和醋饭拌匀再呈上，称为"五目散寿司"。前者看起来更优雅高冷，后者则更丰盛豪爽。

如果想在日本吃点面条，也会有乌冬面、荞麦面、拉面等种类繁多的选择。虽然现在各种类型的面店在关东、关西都有分布，但老派的东京人会和你讲起"江户之子"的荞麦面之道，而京都人则会对乌冬面的轻柔曼妙津津乐道。

即使同样是一份乌冬面，关东、关西风格的差异也显而易见。关东人喜用浓口酱油，面汤是用鲣节高汤加入浓酱油、酒、砂糖煮的调味汁，颜色浓重，也因此常被关西人"吐槽"；而关西的乌冬面加入淡口淡酱油调味，颜色清澈。此外，关东人喜欢在乌冬面里加入细碎的天妇罗面碎，而关西人则偏爱放入柔软的油豆腐。

如果想吃碗鳗鱼饭，你也会发现关东和关西版本的口感很是不同。关东版本的软嫩丰腴，而关西版本的焦脆鲜香。因为自古关东鳗鱼肥美，关东人用先烤、再蒸、最后烤的方式可以去除鳗鱼的肥腻感；而关西的鳗鱼相对体型较小，所以用直接火烤的方式可突出鳗鱼的鲜香酥脆。更神奇的是，关东、关西活杀鳗鱼的方式也不同：关东料理法是从背部切开鳗鱼，据说是因为关东过去有浓郁的武士文化，比较忌讳"切腹"；而关西料理法则是从腹部切开鳗鱼。

如果想吃点牛肉，关东和关西的寿喜烧也各有特色。关东版本先煮沸酱汁，把牛肉加入锅中微煮过后，再将蔬菜等食材放入煮食。而关西版本则是先烤肉，再将蔬菜等其他的食材放进锅里，加入酱汁煮食。煮制的牛肉和烤制的牛肉口感自然会有差异，你更偏爱哪一款呢？

　　此外，日本过新年时，关东人和关西人喜爱的贺年鱼也很不同。关东人喜爱色泽艳丽的鲑鱼，而关西人喜爱颜色淡雅的鰤鱼。而当你打算买一点具有季节特色的和果子带给国内的朋友时，会发现关东的樱饼是细滑面皮、馅料半露的样子，而关西的樱饼是表皮有颗粒感、圆滚滚裹住馅料的样子。如果不是表面裹着的那片标志性的樱叶，你很难想象这两枚和果子居然共享一个名字。

　　关东与关西料理的差异源自风土之异，也源自历史风俗之别。关东地区多为黑土，菜蔬根深而茎粗；而关西地区多为赤土，蔬菜根浅而茎细。信州、东北等地气候寒冷，适宜荞麦生长，影响了关东地区的荞麦消费；而濑户内海、九州等地气候温暖，适合小麦生长，为关西提供了丰富的面粉资源。

　　东京的水质偏硬，而京都的水质偏软。关东自古尽享来自北方的鲑鱼、秋刀鱼、金枪鱼等油脂丰富的鱼类；关西则更倚仗濑户内海的白身鱼。现如今，现代鱼类保鲜和流通技术的发展已经让这种偏好变得越发模糊。

　　东京深受武家文化的影响，京都深受贵族文化的浸淫，大阪则有浓郁的商人文化氛围，这些不同的历史印记都在不知不觉之间渗透到料理的细节中。

　　所以，在日本游历时，我们既可以看到日本料理作为一个整体的特质，又会感受到不同地域之间料理风格的对比。细想起来，颇有谐趣。

关西风寿喜烧

食器相长

——从食器看料理的格调

在一家格调优雅的日本料理店用餐，除了让人心仪的食物，食器也是打动人心的重要环节。记得在东京"是山居天妇罗店"用餐，当我们大啖天丼的时候，旁边的日本阿姨却一边欣赏着装天丼的陶碗，一边问店家是否售卖。正如北大路鲁山人所说，"食器是料理的衣服"，要追求食与器交融的境界。那么，日本料理中的食器到底有什么讲究呢？

首先，日本料理的食器按照形状和用途分为椀、钵、皿、杯、瓶、箱、锅等。"椀"即类似碗形的容器。碗类当中，木制的称为"椀"，瓷器的称为"碗"，金属的称为"鋺"。碗可以盛装米饭、汤、煮物、茶碗蒸等食物，在日本料理中十分常见。其中盛装汤汁的碗多为漆器，颜色庄严华丽，有时绘有精美纹样，在怀石料理的开篇呈上，令人印象深刻。

"皿"是浅而平的容器，大一些的用来盛装烧物、八寸等，小一些的用来盛装小份料理或调味料。"钵"是比碗浅、比皿深的广口食器，圆形居多，也有四角形、八角形等，可以用来盛装渍物或是略带汤汁的其他菜肴。

不同的菜肴搭配不同的器皿。器皿的形状有的圆柔，有的凌厉，方圆之间带来视觉变幻的愉悦；器皿的开口有的张扬，有的收敛，像呼吸的节奏一样有着天然的韵律感；有些器皿带有高足，挺拔飒爽，与平卧于桌面的食器形成高低错落的美感。在不同形态的食器所搭建的空间中，料理也变得立体和生动起来。

如果仔细观察一餐怀石料理中的食器搭配，你会发现，并不是以一种材质的食器贯穿始终，而是以不同材质的食器穿插其中。

陶器古拙质朴，瓷器通透朗润，两者往往在一餐怀石料理中平分秋色，再搭配肃丽的漆器、清透的玻璃器，食器的质感同样耐人寻味。在历史上，日本人原以漆器为贵。至足利义满时期，华贵的中国瓷器受到日本贵族的青睐。而到了足利义政时期，财政情况不足以支撑从中国大量进口瓷器，加之日本本土陶器又开新风，织布烧、备前烧、志野烧逐渐兴起。

在前一道料理中以浅黄交趾唐草钵突显盛世瑰丽，在后一道料理中以唐津写玉绘钵回归自然古朴，这样瓷与陶"气场"的强烈对比，一张一弛，一吐一纳，让人在料理之外感受到更多情感变化。

在日本的怀石料理店，我们会看到很多名窑之器：圆柔古雅的清水烧、精美细腻的有田烧、优雅如玉的美浓烧、纤细精致的九谷烧、充满肌理感的萩烧、带有素美之韵的唐津烧……对食器更讲究的店主会收集陶瓷大师之作，为自己的料理锦上添花。有的店主则会甄选自己喜爱的小众陶瓷匠人之作，对审美有独特见解的料理人还会亲自上阵烧制食器。对食器的选择其实是一家料理店表达方式的选择。

食器不仅能传递美的信息，也会与食材、季节的主题暗合。比如，以竹叶形长盘盛放纤长的烤香鱼，清雅的夏季感觉呼之欲出；以贝壳纹理的盘子盛放鱼生与贝类，海鲜的意味得以加强。春季以樱花纹样的碗带出花期的时感，夏季以玻璃器皿或蓝白素色瓷器突出清凉之意，秋季则用枫叶和银杏叶形状的盘与碟增加收获季节的代入感，冬季则以温厚的陶器增加丝丝暖意……

所以，在日本料理中，食器是食物的美好外延。在尽享美食的同时，不妨审视一下料理店在食器中留下的伏笔与心思，感受食与器相得益彰的神韵。

奈良和山村餐厅的很多食器出自店主山村信晴之手

米其林 VS Tabelog

——选日本餐厅我们应该听谁的？

大多数食客，在旅行前和旅行中会刻意规划要拜访的餐厅，从街边铺子到高级食肆，觅食已成为很多人到日本旅行的重要目的之一。如何找餐厅？食客们八仙过海，各显神通。有食客间口口相传的，有各类杂志网站各种评选的，有美食家推荐的，但最多的人会选两个渠道：一个是米其林红色指南，另一个是食评网站"Tabelog"。

米其林红色指南是由法国米其林集团（对，就那个做轮胎的米其林）发行的餐厅和酒店指南，因封面为红色，被称为红色指南。（米其林集团另有封面为绿色的旅行地指南——绿色指南）

米其林红色指南被誉为美食界的红色圣经，由匿名评审员对餐厅和酒店进行探访。对菜肴符合评价标准的餐厅，米其林会将其收入米其林红色指南，并对其中的佼佼者给予一星、二星或三星的评价星级。

一星标准为"优质烹饪，在同类餐厅中做得较好的"；二星标准为"烹饪出色，即便是绕远路也值得一去的餐厅"；三星为最高等级，代表"卓越烹调，值

得专程为之而制定旅行计划
前去品尝的最佳餐厅"。除
此之外，米其林还对评审员
认为未达到星级餐厅标准但
最超值的餐厅给予"必比登"
餐厅的评价。

Tips

米其林评选菜肴的标准有以下 5 条：
· 原料的质量
· 准备食物的技艺水平和口味的融合
· 创新水平
· 是否物超所值
· 烹饪水准的一致性

　　截 至 2016 年 6 月，米
其林集团共在四大洲发行红
色指南，收录了约 35800 家
餐厅及酒店，评选出了 2103 家一星餐厅，411 家二星餐厅及 111 家三星餐厅。

　　2008 年，米其林推出了亚洲第一本米其林指南《东京》。8 年过去，如今
日本被列入米其林评审区域的城市和地区已达 14 处。除了米其林的故乡法国外，
没有任何国家或地区有此评选规模。

　　目前，日本共有三星餐厅 33 家（东京有 12 家三星餐厅，在单个城市中为
全球最多），二星餐厅 147 家，一星餐厅 508 家，分别占全球的 29.7%、35.7%
及 24.1%。此外，日本还有 2282 家未评上星级的餐厅，这些餐厅包含各种菜式，
给予食客全方位的选择。

而"Tabelog"则是由日本"株式会社カカクコム"经营的食评网站，其运行机制和用法类似中国的"大众点评"，基本实现了对全日本餐厅的完全覆盖。截至2016 年 6 月，"Tabelog"共收录餐厅 837000 余家。

Tips

日本国内已经列入米其林评审的城市和地区：东京、横滨、川崎、湘南、京都、大阪、兵库、奈良、北海道、广岛、福冈、佐贺、富山、石川。

对餐厅进行评价时，"Tabelog"的总分是 5 分，起评分为 3 分，但由于"Tabelog"的计分模型比较复杂，具有要求用户认证、高级（资深）用户权重高的特点，全日本只有约 5% 的餐厅得分超过 3.5 分，大多数处于 3~3.5 分的区间，超过 4 分的店凤毛麟角。

每年，"Tabelog"会举办日本全国百佳餐厅、百佳拉面店及百佳甜品店的评选，邀请食客和"专家"评分，这也是日本美食界的一件大事。

一直以来，对米其林和"Tabelog"谁更权威的讨论从没停止过。几乎每年，米其林都会在日本发行新的指南，每次发布都是美食界的大事。

说远的，在华语世界被誉为"寿司之神"的小野二郎，之所以在全世界闻名，就是因为其餐厅被评为米其林三星。说近的，富山县的和食店在2016年6月被评为米其林三星，原本客源稳定的店，一下子一位难求。作者的朋友都反映，现在"电话都打不进"，可见米其林之"权威"。

米其林的拥护者认为，米其林经营红色指南已超过百年，拥有非常专业的全职评审员团队；"Tabelog"打分门槛低，也并不能完全杜绝"水军"炒作，专业度输在起跑线上。比如，在"Tabelog"里屡屡出现料理手法相对简单的日本拉面店分数比正式餐厅高的情况，成为米其林用户嘲笑"Tabelog"的谈资。

但"Tabelog"是不是就真的是不值得参考呢？当然不是，很多"Tabelog"用户便认为，米其林是源于西方的评价体制，对日本料理和日本餐厅的认知有局限性，甚至存在一些日本餐厅的经营者拒绝米其林评价的案例，况且米其林的评审范畴并未覆盖日本全境。因此，对米其林不屑一顾的人也不在少数。

就笔者的体会而言，在日本旅行时，在那些没有米其林发布的城镇里，我也是翻出"Tabelog"来参考。如果你懂日语，还可以看日本人对餐厅的评价，那些赞扬的、平铺直叙的，以及对餐厅挖苦的评论，那些有趣的阅读体验，也是冰冷的米其林指南所不能提供的。

总而言之，也许米其林和"Tabelog"谁更好的问题是没有唯一答案的，因为两者的评价基础和体系不具备可比性。米其林的优势是专业且同一的评审水准

和强大团队，"Tabelog"的长处是接地气且全覆盖，食客评论更多更详细。

作为食客，可以考虑将两个体系合并起来查看，综合两方面再行选择。不同的评价纬度，造就了不同的评价结果和客户群。如果仅当参考，那将使餐厅选择成为好玩的趣事；如果非要人为争个高低，那就超越了用户层面的能级，反而会使选餐厅成为恼人的事。

优雅装腔

——日本高级餐厅预订、点餐和不惹人烦指南

这几年，前往日本拜访高级餐厅的中国游客不断增多，于是，如何预订、点餐和体面地就餐成了提上大家日程的重要话题。毕竟，在日本高级餐厅就餐，规矩多多，并非接受了餐厅的定价就万事大吉。一方面，好的餐厅不容易预订；另一方面，光顾了好的餐厅却不懂料理和礼仪，也是令人遗憾的事情。

拜访高级餐厅请务必预约

之所以要预约，一方面是因为，一些正式餐厅要根据预约情况准备料理，不接待不预约的客人。另一方面，一些人气餐厅早已预约满，根本不可能有空位。

预订日本的高级餐厅，大概有以下四种方式：

一是拜托定居在日本的人打电话预约。日本餐厅尤其是日式餐厅的店员英语比较一般，因此预订者必须有流利的日语及日本国内的电话号码。

二是网上预约抑或打国际长途预约，但日本高级餐厅接受网上预约及国际长

途预约的餐厅并不多。

三是请下榻酒店的礼宾部代为预约，这是目前预订日本高级餐厅操作性最强的渠道。代为预约餐厅，是酒店礼宾部的职责之一，也是对餐厅的一种"担保"。一些餐厅要求凡是不在日本居住的游客，必须通过下榻酒店礼宾部代为预订。不过，一般来说，只有高级酒店及国际连锁酒店集团的酒店才提供代预约餐厅服务。读者在预订酒店后，可以通过酒店主页提供的电子邮件地址，发一封邮件去咨询下。

第四种预约方式，是到达日本入住酒店后，要求酒店前台代为预约。除了那些须提前几周甚至几个月预约的热门高级餐厅外，第四种方法可以满足大多数预约需求，可以提前一天，甚至只需提前一会儿，拜托前台打电话给餐厅确认下空位即可。

点餐的关键在语言

大部分日本高级餐厅提供且只提供套餐服务。套餐内容一般是主厨根据时令食材花心思搭配好的，性价比高于单点，午餐套餐性价比则高于晚餐套餐。相对而言，在已预约且提供套餐的餐厅就餐，点菜的难度较小，只需和店员确定忌口即可。

不提供套餐服务的餐厅，其菜单一般为日语书写，当然也有可能提供英语菜单。有日语基础的读者可以按照需要点餐，如果既缺乏日语基础，又没英语菜单，店里还没有套餐可提供，那请事先做些功课。比如，访问店的官方网站，查看米其林评价或"Tabelog"页面，了解店里的特色菜，可以直接提供给店员看。

要保持体面

在本章的前几节，我们陆续介绍了一些就餐时的礼仪，在这里，对在高级餐厅就餐的一些礼节再做些提示：

1. 小心"闭门羹"。

日本高级餐厅均讲究安静的用餐环境，也比较重视与客人的交流。因此，部分餐厅谢绝儿童就餐，少数餐厅（大多为店员缺乏外语技能的和食餐厅）谢绝不会说日语的客人。最好在事先打电话了解餐厅接待情况，以避免到店后被婉拒。

2. 压低点嗓门。

就餐时请避免喧哗，如需接听手机，可以到餐厅外或过道内接听。

3. 注意禁烟席。

日本部分餐厅划分了禁烟席和吸烟席，大多高级餐厅更是实行全席禁烟，几乎所有餐厅都对违规吸烟行为严格进行纠正。因此，有吸烟需要的游客请在入店前仔细了解餐厅的吸烟规定。

4."拍吃"请适度。

为尊重厨师在保持料理温度和口味上的努力，请在用手机或相机为食物"验毒"时控制下时间。为尊重个人肖像权并避免打扰别人，若非经过允许，请不要拍摄厨师、店员或其他客人，更不要使用闪光灯和三脚架。如想与厨师合影，可以请店员转达合影请求，绝大多数厨师会欣然应允。极少数餐厅禁止使用手机及一切拍摄行为（会在就餐前向客人说明），请遵守餐厅规定。

附　录

日本料理大事记

绳文时代（公元前 14000 年 — 公元前 4 世纪）

人们以捕捞鲑鱼、鳟鱼等鱼类，猎取野猪、日本鹿等兽类，采集野菜为食。绳文时代中期之后开始原始农耕，种植蔬菜和谷物。烹饪方法包括烤、煮、蒸。

弥生时代（公元前 4 世纪 — 公元 3 世纪）

水稻种植普及起来，还出现了小规模的家猪和淡水鱼养殖。随着稻米产量的增加，出现了将淡水鱼放入米中腌渍、发酵来保存的方法，这是寿司的雏形。

古坟时代（公元 3 世纪 — 公元 7 世纪）

随着甑的出现，稻米的做法在煮制的基础上增加了蒸制。平日以煮制为主，只有在祭祀等特殊场合才蒸制。"灶"出现在日本人的生活中，增加了烹饪的稳定性和便捷性。

飞鸟时代（公元 592 年 — 公元 710 年）

公元 630 年起，日本派遣唐使赴中国学习，带回来自大陆的食材和烹饪方法。

公元 675 年，天武天皇颁布"肉食禁止令"。此后百年，多位天皇相继颁布指令禁肉，畜肉的食用逐渐在日本式微。

奈良时代（公元 710 年 — 公元 794 年）

日本形成了以稻米为中心，大量采用鱼贝类食材的餐饮体系。

宫廷里设大膳职和内膳司负责饮食。

调味料方面，已经可以制作酒、醋、酱、未酱（味噌的雏形）。以醋腌渍蔬菜，以谷酱腌渍肉类的做法也很常见。

平安时代（公元 794 年 — 公元 1185 年）

唐文化继续影响日本，唐扬（油炸食品）、唐果子、唐煮（甜咸味红烧）、唐纳豆（盐辛纳豆）等相继传入日本。

伴随着宫廷与官员宴会文化的发展，在 12 世纪前半期出现了一种奢华飨宴——大飨料理。大飨料理在形式上受到中国文化的影响，菜肴数量为偶数，餐具配制也与中餐相仿，菜品配多种调味汁，由食客自行选择调味。宴会中以刀工见长的庖丁地位十分重要，会在宾客前表演切割生鱼片或禽肉。

镰仓时代（公元 1185 年 — 公元 1333 年）

镰仓幕府模仿公家的大飨料理，形成了武家的"椀饭"餐饮模式，菜肴为奇数。

茶道和斋菜从中国的寺庙传入日本。随着精进料理的流行，对豆制品、蔬菜的烹饪方法日益丰富，对菜品调味的要求提升，有专门的"调菜人"负责。

室町时代（公元 1336 年 — 公元 1573 年）

出现了以昆布和鲣节制作日式高汤的做法，奠定了日本料理的味觉基础。在继承中国素斋烹调法的基础上，日本发展出更为精致、具有日本特色的本膳料理，菜品分别烹制、调味，按顺序品尝。菜肴数量为奇数，一直被日本料理延续下来。

安土桃山时代（公元 1573 年 — 公元 1603 年）

受闲寂茶道审美情趣的影响，怀石料理（茶怀石）正式出现。怀石料理在烹饪方式和菜品呈现方面受到了精进料理的影响。茶道中追求季节感、食物与器物的美感和平衡感等理念，也对怀石料理产生了深远影响。

江户时代（公元 1603 年 — 公元 1868 年）

异国蔬菜、东南亚香料通过南蛮贸易进入日本料理，带来更多味觉变化和菜品创新。

在借鉴怀石料理精华的基础上，形成了集奢华宴饮、娱乐于一身的会席料理。

寿司、天妇罗、荞麦面、烤鳗鱼等成为江户代表性美食。

明治时代（公元 1868 年 — 公元 1912 年）

1871 年，明治天皇颁布"肉食解禁令"，肉类开始大量进入日本人的生活。随着日本闭关锁国时代的结束，来自西方的食物和料理方式也对日本料理产生潜移默化的影响。

日本乡土料理列表

北海道地方

北海道

乡土料理：

"成吉思汗烤肉"（ジンギスカン）

石狩锅（石狩鍋）

铁板干蒸鲑鱼（ちゃんちゃん焼き）

人气料理：

海胆盖饭及鲑鱼子盖饭（うに丼、いくら丼）

汤咖喱（スープカレー）

东北地方

青森县

乡土料理：

莓煮（いちご煮）

煎饼汁（せんべい汁）

秋田县

乡土料理：

切蒲英锅（きりたんぽ鍋）

稲庭乌冬面（稲庭うどん）

人气料理：

横手炒面（横手やきそば）

岩手县

乡土料理：

一碗荞麦面（わんこそば）

水团（ひっつみ）

人气料理：

盛冈冷面（盛岡冷麺）

盛冈炸酱面（盛岡じゃじゃ麺）

宫城县

乡土料理：

毛豆麻薯（ずんだ餅）

鲑鱼与鲑鱼子饭（はらこ飯）

人气料理：

烤牛舌（牛タン焼き）

··················福岛县··················

乡土料理：

小碗汤（こづゆ）

山椒腌鲱鱼（にしんの山椒漬け）

··················山形县··················

乡土料理：

芋煮（いも煮）

鳕鱼内脏锅（どんがら汁）

关东地方

··················茨城县··················

乡土料理：

鱼锅（あんこう料理）

水户纳豆（そぼろ納豆）

··················栃木县··················

乡土料理：

下野家例（しもつかれ）

乳茸荞麦面（ちたけそば）

人气料理：

宇都宫饺子（宇都宮餃子）

··················群马县··················

乡土料理：

刀削面（おっきりこみ）

蒟蒻（生芋こんにゃく料理）

人气料理：

烤馒头（焼きまんじゅう）

··················埼玉县··················

乡土料理：

冷乌冬面（冷汁うどん）

红豆沙馒头（いが饅頭）

人气料理：

串烧（やきとん）

··················千叶县··················

乡土料理：

太卷寿司（太卷き寿司）

漬沙丁鱼（イワシのごま漬け）

笹寿司（笹寿司）

······富山县······

乡土料理：

鳟寿司（ます寿し）

鰤鱼煮萝卜（ぶり大根）

······东京都······

乡土料理：

深川盖饭（深川丼）

臭鱼干（くさや）

人气料理：

文字烧（もんじゃ焼き）

······石川县······

乡土料理：

芜菁寿司（かぶら寿し）

治部煮（治部煮）

······神奈川县······

乡土料理：

馅衣饼（へらへら団子）

小圆饼（かんこ焼き）

人气料理：

横须贺海军咖喱（よこすか海军カレー）

······福井县······

乡土料理：

越前冷荞麦（越前おろしそば）

腌渍鲭鱼（さばのへしこ）

北陆地方

······新潟县······

乡土料理：

浓平汁（のっぺ）

东山地方

······山梨县······

乡土料理：

烩面（ほうとう）

233

吉田乌冬面（吉田うどん）

............................长野县............................

乡土料理：

信州荞麦面（信州そば）

御烧（おやき）

............................岐阜县............................

乡土料理：

栗金饨（栗きんとん）

朴叶味噌（朴葉みそ）

............................静冈县............................

乡土料理：

樱花虾天妇罗（桜えびのかき揚げ）

蒲烧鳗鱼（うなぎの蒲焼き）

人气料理：

富士宫炒面（富士宮やきそば）

............................爱知县............................

乡土料理：

鳗鱼饭三吃（ひつまぶし）

味噌煮乌冬面（味噌煮込みうどん）

近畿地方

............................三重县............................

乡土料理：

伊势乌冬面（伊勢うどん）

手伴寿司（てこね寿司）

............................滋贺县............................

乡土料理：

鲫鱼寿司（ふなずし）

鸭火锅（鴨鍋）

............................京都府............................

乡土料理：

京都泡菜（京漬物）

味噌田乐贺茂茄子（賀茂なすの田楽）

·················大阪府·················

乡土料理：

箱寿司（箱寿司）

白味噌杂煮（白みそ雑煮）

人气料理：

大阪烧（お好み焼き）

章鱼烧（たこ焼き）

·················兵库县·················

乡土料理：

牡丹锅（ぼたん鍋）

钉煮（いかなごのくぎ煮）

人气料理：

明石烧（明石焼き）

神户牛牛排（神戸牛ステーキ）

·················奈良县·················

乡土料理：

柿叶寿司（柿の葉寿司）

三轮素面（三輪そうめん）

·················和歌山县·················

乡土料理：

炸鲸鱼（鯨の竜田揚げ）

目张寿司（めはりずし）

中国地方（日本地区名）

·················鸟取县·················

乡土料理：

松叶蟹味噌汤（かに汁）

鱼竹轮（あごのやき）

·················岛根县·················

乡土料理：

出云荞麦面（出雲そば）

蚬贝汤（しじみ汁）

·················冈山县·················

乡土料理：

冈山散寿司（岡山ばらずし）

青鳞鱼寿司（ママかり寿司）

·····················**广岛县**·····················

乡土料理：

牡蛎火锅（カキの土手鍋）

星鳗盖饭（あなご飯）

人气料理：

广岛风御好烧（広島風お好み焼き）

·····················**山口县**·····················

乡土料理：

河鲀鱼料理（ふく料理）

岩国寿司（岩国寿司）

四国地方

·····················**德岛县**·····················

乡土料理：

荞麦米泡饭（そば米雑炊）

刺鲳姿寿司（ぼうぜの姿寿司）

·····················**香川县**·····················

乡土料理：

赞岐乌冬面（讃岐うどん）

甜豆沙杂煮（あんもち雑煮）

·····················**爱媛县**·····················

乡土料理：

宇和岛鲷鱼盖饭（宇和島鯛めし）

杂鱼天妇罗（じゃこ天）

·····················**高知县**·····················

乡土料理：

微烤鲣鱼（かつおのたたき）

皿钵料理（皿鉢料理）

九州地方

·····················**福冈县**·····················

乡土料理：

水炊火锅（水炊き）

筑前煮（がめ煮）

人气料理：

辣明太子（辛子明太子）

·················佐贺县·················

乡土料理：

呼子活乌贼刺身（呼子イカの活きづくり）

须古寿司（須古寿し）

·················长崎县·················

乡土料理：

卓袱料理（卓袱料理）

具杂煮（具雑煮）

人气料理：

杂烩面（ちゃんぽん）

皿乌冬面（皿うどん）

佐世保汉堡（佐世保バーガー）

·················熊本县·················

乡土料理：

马肉刺身（馬刺し）

甘薯糕（いきなりだご）

辛子莲藕（からしれんこん）

人气料理：

太平燕（太平燕）

·················大分县·················

乡土料理：

鲕鱼温饭（ブリのあつめし）

狗母鱼乌冬面（ごまだしうどん）

手作团子汁（手延べだんご汁）

·················宫崎县·················

乡土料理：

炭火烤地鸡（地鶏の炭火焼き）

冷汤（冷汁）

人气料理：

南蛮鸡（チキン南蛮）

·················鹿儿岛县·················

乡土料理：

鸡肉饭（鶏飯）

银带鲱鱼料理（きびなご料理）

萨摩炸鱼饼（つけあげ）

人气料理：

黑毛猪涮涮锅（黒豚のしゃぶしゃぶ）

·····················冲绳县·····················

乡土料理：

冲绳荞麦面（冲縄そば）

苦瓜炒豆腐（ゴーヤーチャンプルー）

乌贼汤（いかすみ汁）

日本常见海鲜名录

本表列出了日本料理中最常见的鱼生的中日文名称、罗马音读法，仅供参考。

红肉鱼

富含肌红蛋白的鱼种，一般为长途洄游鱼。

金枪鱼（鮪、まぐろ、maguro）：日本市场常见的金枪鱼可以细分为太平洋黑金枪鱼（本鮪、本まぐろ、hon-maguro）、南方黑金枪鱼（南鮪、みなみまぐろ、minami-maguro）、大眼金枪鱼（目鉢鮪、めばちまぐろ、mebachi-maguro）、黄鳍金枪鱼（黄鳍鮪、きはだまぐろ、kihada – maguro）、长鳍金枪鱼（鬢長鮪、びんながまぐろ、Binnaga – maguro）及长腰金枪鱼（腰長鮪、こしながまぐろ、Koshinaga – maguro）等。

鲣鱼（鰹、かつお、katsuo）

旗鱼（旗魚、かじき、kajiki）

银身鱼（本分类含青背鱼）

基本指鱼身银色的小鱼，又称亮皮鱼，在作为刺身、寿司料时多数需用醋渍处理。以前曾与青背鱼（指鱼背呈青色的鱼）独立分类，现在则混淆表示。

小肌鱼（小鰭、こはだ、kohada）。比小肌鱼更小的，才出生的鲦鱼称为新子（しんこ、shinko）

竹荚鱼（鰺、あじ、aji）

鲭鱼（鯖、さば、saba）

沙丁鱼（鰯、いわし、iwashi）

秋刀鱼（秋刀魚、さんま、sanma）

针鱼（鱵、さより、sayori）

沙鲹（鱚、きす、kisu）

白带鱼（太刀魚、たちうお、tachiuo）

马鲛鱼（鰆、さわら、sawara）

鰤鱼（鰤、ぶり、buri）

红鰤鱼（間八、かんぱち、kanpachi）

黄尾鰤（平政、ひらまさ、hiramasa）

黄带拟鲹（縞鰺、島鰺、しまあじ、shimaaji）

白肉鱼（此分类含一些不便归入红肉鱼、银身鱼之类的鱼）

白肉鱼指肌红蛋白含量比较低的鱼，鱼肉一般呈淡色。

真鲷（鯛、たい、tai）

黄鲷（連子鯛、れんこだい、renkodai）

血鲷（血鯛、ちだい、chidai）真鯛、黄鯛、血鯛的幼鱼都可叫做春日子（かすご、kasugo），市场上血鯛的幼鱼流通最多。

金目鲷（金目鯛、きんめだい、kinmedai）

甘鲷（甘鯛、あまだい、amadai）

　　左口鱼（鮃、ひらめ、hirame），左口鱼及右口鱼（下述）的鳍边肉（缘侧、えんがわ、engawa）是非常高级的寿司料。

　　右口鱼（鰈、かれい、karei）

　　松皮鲽（松皮鰈、まつかわがれい、matsukawagarei）

　　鲈鱼（鱸、すずき、suzuki）

　　大泷六线鱼（鮎魚女、あいなめ、ainame）

　　牛尾鱼（真鯒、まごち、magochi）

　　赤鮨鱼（喉黒、のどぐろ、nodokuro）

　　牛眼鲑（鯥、むつ、mutsu）

　　金吉鱼（喜知次、きんき、kinki）

　　黄鸡鱼（伊佐木、いさき、isaki）

　　石斑鱼（羽太、はた、hata）

　　东洋鲈（鯃、あら、ara）

　　虎河鲀（虎河鲀、ふぐ、fugu）

　　鳕鱼（鱈、たら、tara）

　　香鱼（鮎、あゆ、ayu）

　　银鱼（白魚、しらうお、shirauo）

　　樱鳟（桜鱒、さくらます、sakuramasu）

长身鱼

　　淡水鳗（鰻、うなぎ、unagi）

星鳗（穴子、あなご、anago）

灰海鳗（鱧、はも、hamo）

乌贼和章鱼

枪乌贼（槍烏賊、やりいか、yariika）

障泥乌贼（障泥烏賊、あおりいか、aoriika）

剑先乌贼（剣先烏賊、けんさきいか、kensakiika）

北鱿（鯣烏賊、するめいか、surumeika）

墨乌贼（甲烏賊、こういか、kouika）

萤乌贼（蛍烏賊、ほたるいか、hotaruika）

章鱼（蛸、たこ、tako）

水章鱼（水蛸、みずだこ、mizudako）

贝类

黑鲍（黒鮑、くろあわび、Kuroawabi）

大鲍螺（雌貝鮑、めがいあわび、megaiawabi）

真高鲍（真高鮑、まだかあわび、mandakaawabi）

盘鲍螺（蝦夷鮑、えぞあわび、ezoawabi）

赤贝（赤貝、あかがい、akagai）

鸟尾蛤（鳥貝、とりがい、torigai）

象拔蚌（海松貝、みるがい、mirugai）

文蛤（蛤、はまぐり、hamaguri）

扇贝（帆立貝、ほたてがい、hotategai）

玉珧贝（平貝、たいらがい、tairagai）

青柳（馬珂蛤、ばかがい、aoyagi）

北寄贝（姥貝、ほっきがい、hokkigai）

荣螺（栄螺、さざえ、sazae）

真螺（真螺、つぶ、matsubu）

生蚝（真牡蠣、まがき、magaki）

岩牡蛎（岩牡蠣、いわがき、iwagaki）

虾与蟹

甜虾（甘海老、あまえび、amaebi）

牡丹虾（牡丹海老、ほたんえび、botanebi）

斑节虾（車海老、くるまえび、kurumaebi）

樱花虾（桜海老、さくらえび、sakuraebi）

伊势龙虾（伊勢海老、いせえび、iseebi）

虾蛄（蝦蛄、しゃこ、shako）

松叶蟹（頭矮蟹、ずわいがに、zuwaigani）

毛蟹（毛蟹、けがに、Kegani）

阿拉斯加帝王蟹（鱈場蟹、たらばがに、tarabagani）

其 他

马粪海胆（馬糞海胆、ばふんうに、bahununi）

虾夷马粪海胆（蝦夷馬糞海胆、えぞばふんうに、ezobahununi）

北紫海胆（北紫海胆、きたむらさきうに、kitamurasakiuni）

紫海胆（紫海胆、むらさきうに、murasakiuni）

赤海胆（赤海胆、あかうに、akauni）

日本料理的实用料理工具

锅 具

土锅：砂土烧制而成，受热均匀而缓慢，保温效果好。可以用于炖煮和炊饭。

雪平锅：带单手柄的金属锅，常为铝制，导热效果好；锅表面有凹凸痕，不易溢锅。可以用来煮制各种食物或汤汁。

炸锅：常为铁制或铜制的双耳锅，材质厚，锅体深，有时配有可以沥油的金属架。用于油炸料理。

羽釜：圆底金属器，多以铸铁制成，配较厚重的木盖，系传统的炊饭用具。

玉子烧锅：浅的长方形金属锅。用于制作日式鸡蛋卷。

亲子锅：带有长把手的浅锅。用于烹饪亲子饭或其他盖饭。

土锅　　　炸锅

雪平锅　　玉子烧锅

羽釜　　　亲子锅

刀 具

薄刃刀：刀刃平直，单侧有刃，用来处理蔬菜等，一般为专业料理人使用。

菜切刀：刀刃平直，双侧有刃，用来处理蔬菜等，一般为家庭使用。

出刃刀：刀刃坚实而厚，用来初步处理鱼。

刺身刀：也称柳刃刀，刀刃细长而锋利，用来给鱼去皮、切鱼生等。

三德刀：刀刃平直、双侧有刃、尖头，刀身轻巧，是一种多功能刀具。它出现在明治维新之后，结合了日本传统刀具与西洋刀具的特点。

牛刀　出刃刀　刺身刀　薄刃刀　菜切刀　三德刀

牛刀：西式料理中的主厨刀，可以处理肉、蔬菜、鱼等食材，是一种多功能刀具，比三德刀更长。

其 他

落盖：常为木质圆盖，也有硅胶质地或纸质质地。在炖煮食物时用于压住食物，抑制水分蒸发，保持均匀加热。

笊篱：常为竹制，稍有弧度，可以用来沥干食材的水分或呈装荞麦面等食物。

饭台：多为木质，盛放米饭，是用来制作寿司饭时使用的盛器。

卷帘：竹制帘子，用于卷寿司或者挤出食物的水分。

研钵：表面有纹理的陶瓷器。用于研磨芝麻、芋头等食材。

磨泥器：多为金属质地，上面有细密的小孔。用于将白萝卜、姜等食材磨成泥。

落盖

卷帘

饭台

笊篱

研钵

磨泥器

日本米其林三星、二星餐厅列表

米其林三星	
日本料理 / 兵库 子孙	日本料理 / 东京 まき村
日本料理 / 京都 菊乃井 本店	日本料理 / 京都 瓢亭
法餐 / 北海道 モリエール	日本料理 / 京都 吉泉
法餐 / 东京 ジョエル・ロブション	日本料理 / 京都 吉兆 嵐山本店
日本料理 / 东京 龍吟	寿司 / 北海道 すし 宮川
创新料理 / 兵库 カ・セント	寿司 / 东京 すきやばし 次郎 本店
寿司 / 东京 よしたけ	河鲀料理 / 东京 山田屋
日本料理 / 京都 なかむら	日本料理 / 大阪 柏屋
日本料理 / 大阪 太庵	寿司 / 福冈 行天
日本料理 / 富山 山崎	法餐 / 东京 カンテサンス
日本料理 / 京都 千花	日本料理 / 大阪 弧柳
日本料理 / 奈良 和 やまむら	日本料理 / 京都 未在

（续表）

日本料理 / 东京 虎白	日本料理 / 北海道 花小路 さわ田
日本料理 / 湘南 幸庵	日本料理 / 东京 石かわ
日本料理 / 东京 麻布十番 幸村	寿司 / 东京 六本木 さいとう
日本料理 / 东京 かんだ	日本料理 / 广岛 なかしま

米其林二星

天妇罗 / 兵库 やまなか	日本料理 / 京都 菊乃井 露庵
日本料理 / 奈良 花墙	日本料理 / 京都 丸山 （祇園）
日本料理 / 兵库 夙川 はた田	创新料理 / 大阪 Fujiya 1935
天妇罗 / 广岛 天甲 本店	寿司 / 东京 すきやばし 次郎 （六本木）
日本料理 / 东京 湖月	法餐 / 大阪 ラ・シーム
法餐 / 东京 キュイジーヌ [s] ミッシェル・トロワグロ	日本料理 / 京都 和ごころ泉
日本料理 / き久ち	日本料理 / 兵库 三宫 百味処 おんじき

（续表）

创新料理 / 大阪 北新地 カハラ	日本料理 / 京都 萬亀楼
法餐 / 大阪 ポワン	日本料理 / 大阪 桜会
日本料理 / 北海道 あらし山 吉兆	日本料理 / 大阪 本湖月
寿司 / 大阪 南森町 寿し芳	日本料理 / 东京 重よし
日本料理 / 京都 さゝ木	日本料理 / 东京 福田家
寿司 / 福冈 二鶴	日本料理 / 石川 杉の井
法餐 / 东京 クレッセント	寿司 / 东京 海味
法餐 / 东京 リューズ	日本料理 / 兵库 たか木
寿司 / 东京 ます田	日本料理 / 大阪 青木
法餐 / 东京 エスキス	日本料理 / 大阪 桝田
日本料理 / 东京 青草窠	日本料理 / 广岛 山茶花
日本料理 / 东京 とよだ	天妇罗 / 福冈 天孝
韩国料理 / 大阪 ほうば	日本料理 / 东京 小十
日本料理 / 京都 丸山（建仁寺）	河鲀料理 / 东京 味満ん

法餐 / 东京 神楽坂 ル・マンジュ・トゥー	日本料理 / 大阪 うえの （箕面）
法餐 / 东京 エディション・コウジ シモムラ	日本料理 / 东京 一期 （銀座）
日本料理 / 奈良 白	寿司 / 东京 拓
日本料理 / 大阪 花祥	日本料理 / 佐贺 楊柳亭
天妇罗 / 东京 近藤	法餐 / 东京 ロオジエ
西班牙料理 / 东京 銀座 スリオラ	法餐 / 东京 ベージュ アラン・デュカス
天妇罗 / 东京 銀屋	日本料理 / 东京 壽修
日本料理 / 大阪 宮本	日本料理 / 广岛 桃花庵
日本料理 / 石川 つづら	日本料理 / 东京 辻留
牛肉料理 / 京都 いっしん	天妇罗 / 大阪 与太呂 本店
日本料理 / 北海道 味道広路	寿司 / 大阪 原正
日本料理 / 广岛 児玉	寿司 / 佐贺 鮨処 つく田
牛排 / 兵庫 三宮 麤皮	法餐 / 东京 ラトリエ ドゥ ジョエル・ロブション
创新料理 / 大阪 Hajime	日本料理 / 福冈 中伴

日本料理 / 京都 千ひろ	日本料理 / 东京 小室
寿司 / 北海道 鮨 一幸	西班牙料理 / 东京 サンパウ
天妇罗 / 大阪 つちや	寿司 / 北海道 鮨菜 和喜智
日本料理 / 东京 赤寶亭	日本料理 / 兵库 植むら
日本料理 / 京都 なかひがし	日本料理 / 京都 浜作
法餐 / 东京 ラ ターブル ドゥ ジョエル・ロブション	日本料理 / 横滨 真砂茶寮
日本料理 / 京都 梁山泊	日本料理 / 京都 飯田
法餐 / 东京 ピエール・ガニェール	日本料理 / 北海道 料理屋 素
日本料理 / 京都 八寸	日本料理 / 东京 かどわき
寿司 / 东京 喜邑	日本料理 / 兵库 玄斎
河鲀料理 / 大阪 多古安	法餐 / 东京 ドミニク・ブシェ
寿司 / 北海道 姫沙羅	日本料理 / 东京 濱田家
日本料理 / 大阪 味吉兆（堀江）	河鲀料理 / 大阪 喜太八
法餐 / 东京 カーエム	日本料理 / 京都 いふき

日本料理 / 京都 ふきあげ	寿司 / 东京 さわ田
日本料理 / 福冈 とき宗	寿司 / 福冈 鮨 安吉
日本料理 / 东京 晴山	日本料理 / 京都 鈴江
法餐 / 东京 レフェルヴェソンス	韩国料理 / 东京 尹家
日本料理 / 东京 分とく山	日本料理 / 京都 和久傳（髙台寺）
日本料理 / 富山 海老亭別館	寿司 / 兵库 生粋
日本料理 / 石川 貴船	日本料理 / 横滨 豊旬
寿司 / 北海道 握 群来膳	日本料理 / 奈良 温石
创新料理 / 东京 Narisawa	寿司 / 东京 初音鮨
河鲀料理 / 福冈 い津み	日本料理 / 东京 宮坂
日本料理 / 东京 菊乃井	日本料理 / 广岛 阿じ 与志
日本料理 / 福冈 嵯峨野	日本料理 / 兵库 芦屋 あめ婦
天妇罗 / 北海道 あら木	日本料理 / 东京 豪龍久保
寿司 / 宫城 鮨 結委	日本料理 / 石川 小松

（续表）

日本料理 / 石川 一献	日本料理 / 北海道 酒房 しんせん
日本料理 / 石川 つる幸	日本料理 / 京都 緒方
日本料理 / 东京 福樹	天妇罗 / 东京 うち津
日本料理 / 京都 野口	精进料理 / 东京 醍醐
寿司 / 北海道 北の華 はやし	中华料理 / 东京 桃の木
寿司 / 东京 天本	日本料理 / 横滨 馳走 きむら
日本料理 / 兵库 直心	日本料理 / 京都 にしかわ
日本料理 / 京都 三多	日本料理 / 京都 光安
日本料理 / 北海道 温味	日本料理 / 京都 又吉
日本料理 / 东京 蓮	日本料理 / 北海道 壽山
日本料理 / 京都 大渡	法餐 / 北海道 ミシェル・ブラス トーヤ ジャポン
寿司 / 石川 めくみ	日本料理 / 石川 銭屋
日本料理 / 福冈 ゑびす堂	日本料理 / 石川 六花
日本料理 / 京都 前田	

参考书籍

[1] 原田信男.周颖昕译.日本料理的社会史——和食与日本文化论.北京：社会科学文献出版社.2011.

[2] 桑田忠亲.汪平、陈乐兵、黄博、葛燕译.茶道的历史.南京：南京大学出版社.2013.

[3] 叶渭渠.日本文化史.北京：北京理工大学出版社.2010.

[4] 目黑秀信.李友君译.寿司技术大全.台北：台湾东贩股份有限公司.2015.

[5] 川上文代.周小燕译.日本料理制作大全.北京：中国民族摄影艺术出版社.2015.

[6] 北大路鲁山人.何晓毅译.日本味道.上海：上海人民出版社.2014.

[7] 茂吕美耶.字解日本：乡土料理.南宁：广西师范大学出版社.2011.

[8] 小野二郎.赵怡凡译.寿司品鉴大全.沈阳：辽宁科学技术出版社.2012.

[9] 里见真三.吕灵芝译.寿司之神.北京：新星出版社.2015.

[10] 柯森.林婉华译.寿司：鱼片与醋饭背后的四百年的秘密.北京：中国人民大学出版社.2011.

[11] 藤原昌高.洪玉树、钟瑞芳译.寿司图鉴321+：随身必备的速查宝典.新北：人类智库数位科技股份有限公司.2013.

[12] 小山裕久.赵韵毅译.厨与艺：日本料理神人的思考与修炼.台北：漫游者文化事业股份有限公司.2012.

[13] 高桥拓儿.苏暐婷译.十解日本料理：给美食家的和食入门书.台北：城邦文化事业股份有限公司麦浩斯出版.2015.

[14] 小泉武夫.巫文嘉译.发酵是种魔法：饱尝世界奇异美食，揭开纳豆、腌鲱鱼、

臭豆腐的风味之秘.台北：日月文化出版股份有限公司.2016.

[15] 辰巳出版.刘咏绫译.鱼类刀工技法大全.台北：台湾东贩股份有限公司.2013.

[16] 近藤文夫.陈孟平译.米其林二星"天妇罗近藤"主厨奥田透的全技法图解天妇罗.台北：城邦文化事业股份有限公司麦浩斯出版.2014.

[17] 奥田透.周雨楠译.米其林三星"银座小十"主厨奥田透的全技法图解炭火烧烤.台北：城邦文化事业股份有限公司麦浩斯出版.2014.

[18] 藤枝佑太.黄于滋、李建宏译.烧肉美味手帖.台北：台湾东贩股份有限公司.2015.

[19] 永濑正人.高詹灿、黄正由译.天妇罗人气店专业技巧大公开.新北：瑞升文化事业股份有限公司.2013.

[20] 宫崎正胜.陈心慧译.你不可不知的日本饮食史.新北：远足文化事业股份有限公司.2012.

[21] 辻嘉一.周若珍译.料理的秘诀.新北：远足文化事业股份有限公司.2013.

[22] 野崎洋光.周雨楠译.日本料理职人必备基础技能完全图解.台北：城邦文化事业股份有限公司麦浩斯出版.2016.

[23] 小野二郎、金本兼次郎、早乙女哲哉.张雅梅译.巨匠的技与心：日本三大料理之神的厨艺与修炼.台北：时报文化出版企业股份有限公司.2015.

[24] 辻芳树.苏暐婷译.和食力：日本料理跻身美食世界文化遗产的幕后秘密.台北：城邦文化事业股份有限公司麦浩斯出版.2015.

[25] 高桥英一.怀石入门.东京：株式会社柴田书店.2015.

[26] 藤原昌高.からだにおいしい魚の便利帳.东京：高橋书店.2015.

[27] 白鸟早奈英、板木利隆.からだにおいしい野菜の便利账.东京：高橋書店.2015.

[28] 柴田书店.刺身百科.东京：株式会社柴田书店.2011.

[29] 遠藤十士夫.むきもの四季の皆敷.东京：株式会社ナツメ社.2015.